第二届国际工程教育论坛

The 2nd International Forum on Engineering Education

生态环境与可持续发展

Environment and Sustainable Development

UNESCO 国际工程教育中心　编

图书在版编目（CIP）数据

生态环境与可持续发展：第二届国际工程教育论坛 / UNESCO 国际工程教育中心编. --北京：中央编译出版社，2023. 1

ISBN 978-7-5117-4314-5

Ⅰ. ①生… Ⅱ. ①U… Ⅲ. ①生态环境建设—可持续性发展—世界—国际学术会议—文集②工科（教育）—世界—国际学术会议—文集 Ⅳ. ①X321. 1-53②G649. 1-53

中国版本图书馆 CIP 数据核字（2022）第 208327 号

生态环境与可持续发展：第二届国际工程教育论坛

责任编辑 郑菲菲
责任印制 刘 慧
出版发行 中央编译出版社
地　　址 北京市海淀区北四环西路 69 号（100080）
电　　话 （010）55627391（总编室）　（010）55627392（编辑室）
（010）55627320（发行部）　（010）55627377（新技术部）
经　　销 全国新华书店
印　　刷 三河市华东印刷有限公司
开　　本 889 毫米×1194 毫米 1/16
字　　数 258 千字
印　　张 14
版　　次 2023 年 1 月第 1 版
印　　次 2023 年 1 月第 1 次印刷
定　　价 99.00 元

新浪微博：@ 中央编译出版社　　**微　　信**：中央编译出版社（ID：cctphome）
淘宝店铺：中央编译出版社直销店（http://shop108367160.taobao.com）　（010）55627331

本社常年法律顾问：北京市吴栾赵阎律师事务所律师　闫军　梁勤
凡有印装质量问题，本社负责调换，电话：（010）55626985

李晓红　中国工程院院长、中国工程院院士

LI Xiaohong (President, Chinese Academy of Engineering; Member of CAE)

邱勇　清华大学校长、中国科学院院士

QIU Yong (President, Tsinghua University; Member of CAS)

欧敏行　联合国教科文组织北京办事处主任

Marielza OLIVERIA (Director, UNESCO Beijing Office)

亚瑟・摩尔　荷兰瓦格宁根大学校长

Arthur P. J. MOL (Rector Magnificus, Wageningen University & Research)

吴启迪 联合国教科文组织国际工程教育中心主任、教育部原副部长

WU Qidi (Director, International Center for Engineering Education under the Auspices of UNESCO; Former Vice Minister of Education, China)

尤政 清华大学副校长、中国工程院院士

YOU Zheng (Vice President, Tsinghua University; Member of CAE)

袁驷 清华大学校务委员会副主任、清华大学原副校长

YUAN Si (Vice Chairperson of Tsinghua University Council; Former Vice President of Tsinghua University)

贺克斌 论坛组委会主席、清华大学环境学院教授、中国工程院院士

HE Kebin (Forum Chair; Professor at School of Environment, Tsinghua University; Member of CAE)

郑庆华　西安交通大学副校长

ZHENG Qinghua（Vice President, Xi'an Jiaotong University）

解振华　生态环境部气候变化事务特别顾问、清华大学气候变化与可持续发展研究院院长

XIE Zhenhua（Special Envoy on Climate Change, Ministry of Ecology and Environment of the PRC; President, Institute of Climate Change and Sustainable Development, Tsinghua University）

吴丰昌　中国环境科学研究院副总工程师、中国工程院院士

WU Fengchang（Deputy Chief Engineer, Chinese Research Academy of Environmental Sciences; Member of CAE）

格伦·戴格尔　密歇根大学教授、美国工程院院士、中国工程院外籍院士

Glen T. DAIGGER（Professor of Engineering Practice at University of Michigan; Member of US NAE; Foreign Member of CAE）

拉明·法努德　多伦多大学应用科学与工学院副院长

Ramin FARNOOD（Vice Dean, Faculty of Applied Science & Engineering，University of Toronto）

阿拉·阿诗玛韦　国际工程教育学会联盟主席、全球工学院院长理事会执行委员

Alaa ASHMAWY（President, the International Federation of Engineering Education Societies; Member, the Executive Committee of the Global Engineering Deans Council）

郝吉明　清华大学环境学院教授、中国工程院院士、美国工程院外籍院士

HAO Jiming（Professor at School of Environment, Tsinghua University; Member of CAE; Foreign Member of U. S. NAE）

安尼特·科莫斯　丹麦奥尔堡大学 UNESCO 工程科学与可持续性问题学习中心主任

Anette KOLMOS（Director, Aalborg Centre for Problem-Based Learning in Engineering Science & Sustainability）

诺尔曼・福腾伯里　美国工程教育学会执行主任

Norman FORTENBERRY (Executive Director, the American Society for Engineering Education)

佩琪・奥蒂－博阿滕　联合国教科文组织科学政策与能力建设部主任

Peggy OTI–BOATENG (Director, Division of Science Policy and Capacity–Building, UNESCO)

马琳・坎加　世界工程组织联合会前任主席

Marlene KANGA (Past President, World Federation of Engineering Organizations)

伊丽莎白・泰勒　国际工程联盟副主席、华盛顿协议主席

Elizabeth TAYLOR (Deputy Chair, International Engineering Alliance; Chair, the Washington Accord)

伊希瓦·普里　加拿大麦克马斯特大学工学院院长、加拿大工程院院士

Ishwar K. PURI (Dean, the Faculty of Engineering, McMaster University, Canada; Canadian Academy of Engineering Fellow)

李政　清华大学气候变化与可持续发展研究院常务副院长、清华低碳能源实验室主任

LI Zheng (Executive Vice President of the Institute of Climate Change and Sustainable Development, Director of the Laboratory of Low Carbon Energy, Tsinghua University)

肯尼斯·格拉特　英国皇家工程院院士－科学仪器乔治·丹尼尔斯教授、伦敦大学城市学院教授

Kenneth T.V. GRATTAN (OBE FREng, Royal Academy of Engineering–George Daniels Professor of Scientific Instrumentation, City, University of London)

巴瓦尼·尚卡尔·乔杜里　巴基斯坦迈赫兰工程技术大学电子与计算机工程学院前院长

Bhawani Shankar CHOWDHRY (Former Dean, Mehran University of Engineering and Technology, Jamshoro, Pakistan)

艾哈迈德·阿尔－沙玛　阿联酋沙迦大学工程学院院长

Ahmed AL–SHAMMA'A (Dean, College of Engineering, University of Sharjah, UAE)

埃尔菲德·刘易斯　爱尔兰利默里克大学光纤传感器研究中心主任

Elfed LEWIS (Director, Optical Fibre Sensors Research Centre of University of Limerick, Ireland)

安迪·奥古斯蒂　伦顿金斯敦大学科学、工程和计算学院博士学院创始主任，应用物理学和仪器学教授

Andy Augousti (Professor of Applied Physics and Instrumentation, Faculty of Science, Engineering and Computing, Kinston University, London)

巴勃罗·奥特罗　西班牙马拉加大学海洋工程研究所所长

Pablo OTERO (Head, the Oceanic Engineering Research Institute of the University of Malaga, Spain)

刘俭　哈尔滨工业大学仪器科学与工程学院院长

LIU Jian (Professor and Dean of School of Instrumentation Science and Engineering, Harbin Institute of Technology)

余刚　清华大学环境学院教授、环境学院学术委员会主任

YU Gang (Professor of School of Environment and Chair of Academic Committee of School of Environment, Tsinghua University)

王灿　清华大学环境学院环境规划与管理系主任

WANG Can (Chair, Department of Environmental Planning and Management, School of Environment, Tsinghua University)

欧阳证　清华大学精密仪器系主任、机械工程学院副院长

OUYANG Zheng (Professor of Department of Precision Instrument, Vice Dean of School of Tsinghua University)

侯锋　中国水环境集团有限公司董事长

HOU Feng (Chairman, China Water Environment Group)

黄晓军　威立雅环境集团副总裁、董事总经理

HUANG Xiaojun (Vice President, Managing Director, Veolia China)

王帅国　学堂在线总裁

WANG Shuaiguo (President, XuetangX)

李明　中国空间技术研究院人力资源部教育培训处中级主管

LI Ming (Senior manager, Education and Training Division, Human Resource Department of China Academy of Space Technology)

周树华　华和资本总裁

ZHOU Shuhua（President, Huahe Capital）

秦晓培　丹纳赫集团水平台副总裁兼哈希总经理

QIN Xiaopei（Vice President, Danaher Water Quality & GM, Hach China）

论坛部分场景

Forum Scenes

“水环境与水生态”分论坛部分参会嘉宾合影

Group photo of the“Water Environment and Water Ecology”Panel

“气候变化与蓝天行动”分论坛部分参会嘉宾合影

Group photo of the “Climate Change and Blue Sky Action” Panel

“面向可持续发展的工程教育”分论坛部分参会嘉宾合影

Group photo of the “Engineering Education for Sustainable Development” Panel

序

“逝者如斯夫，不舍昼夜”。距离2018年第一届国际工程教育论坛的召开已经过去两年了。在这两年当中，世界发生了很大变化，我们也见证了很多大事件。新冠肺炎疫情在全球的暴发、蔓延，我们是亲历者，至今全世界依然处在抗击疫情的特殊时期。气候变化是当今人类面临的重大全球性挑战，中国为积极应对气候变化，提出碳达峰、碳中和目标，我们是见证者。科技革命和产业变革的快速发展，为工程和工程教育带来了前所未有的挑战和机遇，适逢其时召开的2020年第二届国际工程教育论坛，我们是参与者。

2020年12月2—4日，清华大学、中国工程院和联合国教科文组织在清华大学共同召开以“生态环境与可持续发展”为主题的国际工程教育论坛。来自世界范围的专家学者围绕“气候变化与蓝天行动”“水环境与水生态”“气候、环境与健康”“可持续技术及全球协作”“可持续化工与未来”“面向可持续发展的工程教育”等多样性议题，展开了充满创新活力的全球性对话。

工程是推动科学、技术和创新的重要力量，工程教育对科技人才培养起到关键作用。面对当代全球挑战的复杂性，诸如全球大流行疾病的传播、公共卫生与健康体系的建立、全球气候变化与生态保护、大规模在线教育的应用等，工程教育在人才培养模式、师资教育培训、校企合作机制、政产学研用，以及跨学科交叉融合等方面，应积极面向基础研发、科技应用、工程实践，充分发挥人才战略支撑作用。

本书内容包括了来自联合国教科文组织、国际工程联盟、世界工程组织联合会、全球工学院院长理事会等国际组织，英国皇家工程院、美国工程教育学会等专业机构，荷兰瓦格宁根大学、美国密歇根大学、哈佛大学、加拿大多伦多大学、麦克马斯特大学、丹麦奥尔堡大学、巴基斯坦迈赫兰工程技术大学、阿联酋沙迦大学、爱尔兰利默里克大学、英国曼彻斯特大学、英国伦敦卫生与热带医学院、伦敦金斯顿大学、日本东京工业大学、巴西里约热内卢联邦大学、西班牙马拉加大学、清华大学、哈尔滨工业大学、中山大学、香港中文大学、天津大学、西安交通大学等国内外知名大学的校长、工学院院长、专家学者、研究机构，以及国内外知名企业代表近40位专家学者的主题报告。

本书凝聚了诸多专家学者的思想精华，展现了全球气候变化、可持续发展以及工程教育领域的新思想与新理念，反映了世界各国，尤其是发展中国家工程教育的新概况。本书对于我国工程教育改革与创新、生态环境与可持续发展，具有重要的学术和实践参考价值。

衷心希望国际工程教育论坛继续发挥国际影响力，努力成为国内外工程教育领域专家学者们相互学习和分享经验的盛会，成为国际组织和行业机构探讨未来发展与协同合作的平台！正如国际工程教育论坛的宗旨，我们期望会集全球工程教育、工程科技和工程管理领域的知名学者和杰出领袖，共同研讨工程教育的创新发展，为促进世界工程科技进步和应对重大全球性挑战做出贡献！

吴启迪

联合国教科文组织国际工程教育中心副理事长、主任

2021年10月

目 录

开幕式

水环境与水生态

气候变化与蓝天行动

可持续技术及全球协作

面向可持续发展的工程教育

闭幕式

第二届国际工程教育论坛

The 2nd International Forum on Engineering Education

2020年12月2-4日 Dec. 2-4，2020

开幕式

Opening Ceremony

2020年12月2日 20:00-23:00

20:00-23:00, December 2, 2020

在线会议

Online Meeting

开幕式主持

主持人 Chair

尤　政
清华大学副校长，中国工程院院士
YOU Zheng
Vice President, Tsinghua University; Member of CAE

尤政，精密仪器系教授、博士生导师。2013年当选为中国工程院院士。现任清华大学副校长、中国微米纳米技术学会理事长、中国仪器仪表学会理事长、中国机械工程学会副理事长。曾获国家技术发明二等奖3项，国家科技进步二等奖2项；获其他省部级科技奖10项等。获国家发明专利83项，在SCI/EI发表论文355篇，出版专著5部，译著2部。

YOU Zheng, Vice President of Tsinghua University, Member of Chinese Academy of Engineering (CAE) . He became a faculty member of Tsinghua University in 1992 and was promoted to professorship in 1994. He was also a visiting Professor in University of Surrey, UK from 1998 to 2000. In 1999, He was awarded a Distinguished Professor of the Cheung Kong Scholars Program by the Ministry of Education. Prof. YOU's research interests include microsystems based on Micro Electrical-Mechanical System (MEMS) , Micro-Nano Satellite Technology and Micro-Nano Technology for Measurement and Instruments. He was rewarded the Second Prizes for National Technology Invention respectively in 2011 and 2012 and the Second Prizes for National Science & Technology Progress respectively in 2004 and 2007. Prof. YOU is the Chairman of the China Instrument & Control Society, and the President of the Chinese Society of Micro-Nano Technology (CSMNT) .

共商工程教育的新机遇、新挑战

尤　政

尊敬的各位领导、来宾：

大家好！由清华大学、中国工程院、联合国教科文组织联合举办的第二届国际工程教育论坛现在开始。本次论坛的主题是“生态环境与可持续发展”。在全球共抗新冠肺炎的特殊时期，很高兴我们用这样的方式齐聚一堂，共商工程教育的新机遇、新挑战。

莅临本次会议的来宾中既有全球工程教育、工程科技、科技管理的著名学者，也有来自行业的领军人物。首先请允许我介绍一下参加今天会议的各位领导和嘉宾。他们是：中国工程院院士、中国工程院院长李晓红；中国科学院院士、清华大学校长邱勇；联合国教科文组织北京办事处主任欧敏行；生态环境部气候变化事务特别顾问、清华大学气候变化与可持续发展研究院院长解振华；联合国教科文组织国际工程教育中心主任吴启迪教授；联合国教科文组织国际工程教育中心副主任兼秘书长王孙禺教授。来自国内外大学的代表有：荷兰瓦格宁根大学校长亚瑟・摩尔教授；清华大学原副校长余寿文教授。本次论坛组委会主席是清华大学环境学院教授贺克斌院士。本次论坛还邀请到国内外知名企业代表参加会议，他们是：中国水环境集团有限公司董事长侯峰，威立雅环境集团副总裁、董事、总经理黄晓军。欢迎大家的到来！

李晓红
中国工程院院长，中国工程院院士
LI Xiaohong
President, Chinese Academy of Engineering; Member of CAE

李晓红，中国工程院党组书记、院长。第十九届中央委员，第十二届全国人大代表，第十一届全国政协委员。曾任重庆大学校长，武汉大学校长，教育部副部长、党组成员。矿山安全技术专家，长期致力于水射流技术及其在煤矿安全工程中的应用研究，在煤层气开采及复杂煤矿瓦斯灾害防治方面取得了多项重要研究成果。曾获多项国家及省部级科技进步奖和国际学术奖励，出版著作6部，发表论文200余篇。

LI Xiaohong, President of Chinese Academy of Engineering (CAE) and Secretary of the Leading Party Members' Group of CAE. He is a member of the 19th Central Committee, a member of the 11th National Committee of Chinese People's Political Consultative Conference, and deputy to the 12th National People's Congress. He was the President of Chongqing University, President of Wuhan University, Vice-Minister of Education, and member of the CPC Leading Group of the Ministry of Education. As an expert in mine security, he has been long engaged in the research of water jet technology and its application in coal mine security projects, and achieved a number of important research results in coal bed gas exploitation as well as complex gas disaster prevention and control in coal mines. He has won a number of national and provincial scientific and technological progress awards and international academic awards, published 6 books and more than 200 papers.

互鉴共进合作共赢，共创工程教育发展蓝图

李晓红

各位来宾，各位朋友，女士们，先生们：

大家好！值此第二届国际工程教育论坛召开之际，我谨代表中国工程院，对论坛的召开表示热烈祝贺，向参加论坛的海内外嘉宾和朋友们表示热烈欢迎！同时，还要特别感谢联合国教科文组织对论坛的大力支持，感谢清华大学为筹办论坛所做的精心安排！

当前，国际工程界在促进科学发展、成果转化、人才培养等方面都取得显著成效，正在向着互鉴共进、合作共赢的方向继续发展。我们希望继续充分发挥联合国教科文组织国际工程教育中心的作用，为全球科技创新提供交流合作的重要平台，期待本次论坛能够集思广益、增进共识、促进合作，使工程科技创新更好地造福各国人民，共同书写工程教育未来新的发展蓝图。

预祝本次论坛取得圆满成功！祝各位嘉宾、各位朋友幸福安康！谢谢大家！

欧敏行
联合国教科文组织北京办事处主任
Marielza OLIVERIA
Director, UNESCO Beijing Office

欧敏行，博士，自2015年12月1日起至今担任联合国教科文组织驻华代表处代表。在此之前，她在联合国开发计划署担任项目官员，负责联合国开发计划署在拉丁美洲国家的事务（2001—2015）。欧敏行博士曾经担任巴西范达可多姆卡布拉尔资深顾问（1995—1999），巴西卡皮塔蒂斯商学院执行教育处主任（2000—2001）。她拥有美国伊利诺伊大学香槟分校的金融学硕士和工商管理学博士学位。

Dr. Marielza Oliveira(Brazil)is the Director of UNESCO Beijing since 2015. Previously, she was the global Results Manager for UNDP, where she also held positions as country manager for Latin American countries (2001–2015) . She was also senior consultant at Fundacao Dom Cabral (Brazil, 1995–1999) , and Director of Executive Education at Ibmec Business School (2000–2001) . She holds a Master of Science in Finance and a Ph.D. in Business Administration from the University of Illinois at Urbana-Champaign, USA.

新时代工程教育及工程师面临的新挑战

欧敏行

尊敬的英格尔·安德森女士，尊敬的李晓红院长、邱勇校长、解振华先生、吴启迪教授，尊敬的中国工程院专家、清华大学的朋友们，亲爱的女士们、先生们，专家和朋友们：

我很荣幸能够代表联合国教科文组织（UNESCO）出席第二届国际工程教育论坛“生态环境与可持续发展”开幕式。

我们生活在“人类世”即“人类时代”，令人震惊的环境恶化已经成为这个时代的特征。例如全球变暖、森林砍伐和对生物多样性的侵害，失控的空气、水、土壤和海洋污染以及水资源短缺。当人类的未来受到威胁、贫富差距越来越大时，这种退化性破坏就会威胁到人类的进步和繁荣。

这些退化过程大多数是由于社会的快速发展导致对自然资源的过度消耗，有时是不受控制的技术应用造成的。因此，解决方案则需要由那些有能力开发新技术的人来实施，即明天的工程师。

在国际工程教育中心（ICEE）和清华大学的帮助下，联合国教科文组织将在中央编译出版社出版《工程——支持可持续发展》报告。该书在谈到工程师在支持人类实现联合国可持续发展目标方面的关键作用时，深入探讨工程师面临的新挑战，并详细阐述了工科学生毕业时需要获得的新知识和新技能，当然也从终身学习的角度加以探讨。

在迅速变化且极具挑战的世界中，工程师需要不断更新他们所储备的知识和技能，不仅要对科学和技术知识保持开放态度，还要对获得一套新的个人沟通和关系技能保持开放态度。尤其是，工程师需要具备道德和社会参与意识，要充分考虑其工作对社会带来的影响。当今的工程教育有责任为全人类创造更加包容、公平、可持续和共享的未来。

就技术而言，工程师们面临着迅速发展的信息和计算机技术应用，这是所谓的第四次工业革命的根源。从可持续农业到智慧城市，从可再生能源到人类安全，从自然文化遗产保护到健康，大数据、人工智能、智能技术在所有领域都有广泛的应用。

与以往相比，工程师将继续扮演“问题的解决者”的角色，同时他们在社会中也将具有更宽广的视野。如果不考虑与世界人类相关的技能发展、适应性与灵活性、跨学科的团队合作与交流、多元化的工作能力以及实现可持续发展目标所调动的大量人力，这些将无法实现。

第二届工程教育论坛的适时召开，为我们提供了一个独特的机会，讨论工程师在沿着更可持续发展道路上支持社会方面的作用，以及工程教育需要如何迅速适应新出现的挑战。

人们对工程师的期望是巨大的，联合国教科文组织致力于在工程教育界制定和传播与其专业实践相关的新标准，这将激励其进化和适应社会需求。过去几年中，如果没有与清华大学和ICEE以及中国工程院的合作，这都是不可能的。

因此，联合国教科文组织对你们为组织这次论坛所做出的努力深表感谢，我们期待富有成效的讨论结果，并祝愿论坛取得丰硕成果。

主旨演讲

亚瑟·摩尔
荷兰瓦格宁根大学校长
Arthur P.J. MOL
Rector Magnificus, Wageningen University & Research

亚瑟·摩尔，荷兰瓦格宁根大学校长兼执行委员会副主席，环境科学硕士和环境社会科学博士，曾任中国人民大学、清华大学和马来西亚国立大学的环境政策教授。摩尔教授是七家国际同行评审杂志的编委会成员及“环境政治新视野”系列丛书编辑。他的主要研究领域包括环境研究、全球化、信息治理、生态现代化、中国、可持续（粮食）生产和消费以及城市环境治理。摩尔教授现为欧洲生命科学大学协会主席、荷兰大学协会副主席以及其他多个国家和国际科学机构的董事会成员。

Arthur P.J. Mol, Rector Magnificus and Vice-president Executive Board of Wageningen University & Research. Professor Mol was trained in environmental sciences (MSc) and environmental social sciences (PhD) . Besides chair and professor at Wageningen University he was also professor of environmental policy at Renmin University, China, at Tsinghua University, China, and at the National University of Malaysia UKM. He is at the editorial board of 7 international peer reviewed journals and book series editor of *New Horizons in Environmental Politics*. His main fields of interest and publications are in environmental studies, globalization, informational governance, ecological modernization, China, sustainable (food) production and consumption and urban environmental governance. He is president of the Association of European Life Science Universities, Vice-chairman of the Association of Universities in the Netherlands, and board member of a number of other national and international scientific institutions.

工程教育的变化

亚瑟·摩尔

我感到非常的荣幸，有机会参加第二届国际工程教育论坛。接下来谈一下我对工程教育的看法。我们已经看到历史上大学系统里面发生了很大的变化，总体来说，从第一代的大学一直到今天都发生了迅速的变化。在18世纪的时候，大学跟今天是很不一样的，后来变成了古典教育的模式，工程教育领域发生了五大变化，我还会谈四个维度，这些变化都属于这四个维度之内。

第一个变化是社会推动力。前面的发言人提到我们看到了社会新的需求，他们对工程提出了更多的要求。我们看到工程学也有很大的变化，给工程教育提出了很多的要求。我们要帮助社会克服一些挑战，就要改变工程教育。

第二个变化是年轻一代。大家越来越多地看到多元化包括老一代教育方面的情况，工程学习者越来越多元化，而且在学习维度上、教育维度上发生着多元的变化，不仅是学习的人，也包括学习的人数，比如说一些人群结构的变化，在大学中受教育的年轻人需求的增长。

第三个变化是数字化的方式给我们带来了一些新的挑战。无论是教育过程中要学习什么样的内容，还是要给求学者提供什么样的内容，都是有挑战的，所以它是多方面的，包括增强现实、虚拟现实和大规模在线教学课程。还有众多学习的人群，教育当中出现的新发展，还有教育技术的公司，都在其中发挥着重要的作用，帮助我们设计教育流程。

第四个就是在研究方面的变化。在这方面，研究的方法和从事研究预期的方式都在发生着巨大的变化。所以必须要从学科式研究转向更加跨学科和多学科的研究方式，我们也同时需要把它带到我们的课堂当中。我们也看到这方面的研究大多通过互联网联盟的方式进行，在共同应对着全球的挑战。同时它也重新回到课堂，尤其是在国际的课堂上，创新和洞察的迅速迭代。我们不能只是去学习过往的一些知识，工程师们获得了硕士、博士的学位之后，依然要不断地去更新自己的知识。

变化方面的推动力在教育体系中，尤其在大学，是以新的教育愿景、新的使命，以及新的教学方法教育学生，同时推动整个教育过程的变化。这一切的变化会导致什么样的结果呢？在教育生态体系中会带来什么样的涟漪效应呢？我看到主要是四个方面的变革，给大家展开说明一下。

首先在教育生态体系中，在工程师方面是体现在结构上的，比较明显的是灵活性和个性化的学习方式。两年或三年硕士的学习，基本上所有的学生都会经历同样的学习轨迹。所以在不远的将来，会看到越来越多灵活性和个性化的学习路径。这些学生可以找到自己的学习路径，更加的灵活，不再像过去通常看到学习的路径。国际课堂就是学生需要知道在国际环境中怎么样互相学习，他们有不同的文化，必须要重回课堂。在教育体系课堂当中也要国际化。结构上的混合包含了四种类型的教育实践，在线学习作为校园教育的补充，比如说网上在线课堂，还有终身学习，同时我们看到了一些非常专有化的课程，这些都会改变我们的教育生态体系。校园学习也会有一些变化，越来越多人走入社会；另外，将社会引入校园，这意味着有非常多的学习活动都会在校园之外，而且也会在社会当中发生。另外，大学越来越开放，体现出网络化发展的趋势。一些大学开始与相关组织保持密切联系，甚至开展联合项目。

其次主要是教育生态系统中的内容。我们教给学生的是什么？教学内容不仅是学科本身。所以说电子工程学不会只是电子工程学，同时也包含其他的元素。另外，也会看到越来越多特别强调教育的项目协作，以团队的方式共同学习，而不是个人的学习。通过这种方式，在他们职业生涯中也会提高21世纪所需的技能。21世纪所需的技能实际上对于学习和教育的过程都是非常重要的，跟团队协作息息相关，同时跟他们的沟通技能以及其他的技能都是息息相关的。一旦你离开了校园，要去开始社会生活工作的时候，要知道在大学之后怎么样学习。另外一点，是要教会工程师怎么样去应对这些事情，要有责任感和道德观念。

再次就是教学法了，首先主动学习非常关键。目前还是属于被动学习，大家都是听老师的灌输，这会发生变化，变成主动式学习。不会再有特别的大班了，以小班教学为主，会有一些更加细节和务实的学习，多元化的教学方法以及评估和实验测验的应用越来越广泛。现在我们知道，有一些经典的方式评估学生是不是理解了教学的材料，但是在未来会有更加多元化的方法予以补充。另外，在教学方法当中，我们也会越来越多使用动手实验的学习方法。到社会中去学习，他们走入社会、公司，以及走入真正的实验室中真实工作，看现实的世界是怎么样解决问题的，而不单是大学中所学到的做法。此外，教师角色和作用发生变化，这个时候教师不是简单地解释灌输知识，而应该是像一个教练一样。这是能够带动学生主动学习的，而且学生可以进行互动，也是跨学科的一种指导。

最后是在教育过程中教学空间的变化。我们知道，教学已经越来越多地出现在校园外，比如大学已经不是唯一一个进行教学的空间，而是越来越多出现在数字平台上。比如说使用增强现实、虚拟现实、数字化双胞胎等。如果说有第四个维度，那么这就是我们学习发生的地方。例如，我们总是会在校内、校外的区域来进行学习，这也意味着我们不会只是在大学内部来学习。我们会看到越来越多跨校之间的合作，也包括学生能够跨校和跨边界去合作和学习，并且他们学到不同大学的内容，也会因此而获得更加丰富的学习和生活。

在这次国际论坛中，我们能够非常广泛地就相关议题进行交流，因为它们已经在改变着工程教育的未来。非常感谢大家的聆听，也希望我们的论坛取得成功！

邱　勇
清华大学校长，中国科学院院士
QIU Yong
President, Tsinghua University; Member of CAS

邱勇，教授，清华大学校长，中国科学院院士。第十三届全国人大常务委员会委员，第十三届全国人大教育科学文化卫生委员会副主任委员，第十三届全国人大代表。他长期致力于有机光电材料与器件研究，研究重点包括有机半导体材料、有机电子学基础理论、有机发光显示材料和器件。2003年获国家杰出青年科学基金资助，2006年入选教育部“长江学者奖励计划”特聘教授，2007年获全国模范教师称号，获2011年度国家技术发明一等奖。

QIU Yong, President of Tsinghua University, Member of Chinese Academy of Sciences. He is currently a Member of the Standing Committee of the 13th National People's Congress, Vice Chairman of Education, Science, Culture and Public Health Committee of the 13th National People's Congress and Deputy to the 13th National People's Congress. Professor QIU's research interests primarily focus on organic electronics, optoelectronics, semiconductors, and organic light emitting materials and devices. He has been devoted to both the fundamental research on Organic Light Emitting Diodes (OLED) and technology transfer. Professor QIU has received numerous honors, including Distinguished Young Scholar by the National Science Fund in 2003, Chang Jiang Scholar by the Ministry of Education in 2006, National Model Teacher by the Ministry of Education in 2007 and the National Technological Invention Award conferred by the President of China in 2011.

承担起建设人类美好家园的责任

邱 勇

2018年9月24日是一年一度的中国传统节日中秋节。在这个阖家团圆的日子里，清华大学、中国工程院和联合国教科文组织联合发起了首届国际工程教育论坛。在中国文化里，月圆寓意家人团聚。实际上，不同文化里都有许多与月亮有关的美丽传说，比如希腊神话中的月亮女神“阿耳忒弥斯（Artemis）”，中国神话中的“嫦娥奔月”。月亮寄托了人类的浪漫情怀，也寄托了人类对美好生活和建设美好家园的追求。工程教育的创新发展，最终的目的是构筑一个美丽的人类家园。

月亮也引发了人类的一系列工程活动。世界各国先后开展的月球探测活动，促进了比较行星学、空间地质学、空间物理学等新兴学科、交叉学科和基础学科的快速发展。月球探测需要的高端工程技术需求，不但极大地激发了科技创新，更促成了远程通信、高精度控制、特种材料、高效特殊能源以及人工智能等多种新技术的跨越发展。1969年7月20日，美国“阿波罗11号”飞船登月成功，宇航员尼尔·阿姆斯特朗说出了一句令人难忘的名言：“这是个人的一小步，却是人类的一大步。”2020年11月24日，中国的长征五号遥五运载火箭成功发射，顺利将探月工程嫦娥五号探测器送入预定轨道，开启中国首次地外天体采样返回之旅。嫦娥五号探测器有望把月壤或月岩等宝贵样品带回地球，是中国在探月工程方面取得的最新进展。

20世纪是一个工程领域成就非凡的时期，21世纪是工程创新和技术变革加速的世纪。2018年10月23日，总长约55公里的中国港珠澳大桥主体工程全线贯通。这是当今世界总体跨度最长、钢结构桥体最长、海底沉管隧道最长的跨海大桥，也是世界公路建设史上技术最复杂、施工难度最大、工程规模最庞大的桥梁。大桥建设条件复杂，工程内容囊括跨海桥梁、海底隧道、离岸人工岛填筑等多个领域，建设者们克服了许多世界级难题，集成了世界上最先进的管理技术和经验，保质保量完成了任务。大桥的建成对香港、珠海、澳门三地的交通产生最直接影响，促进三地人流、物流、资金流、信息流等的顺畅流通。2020年9月4日，瑞士宣布建设时间长达10年、全长

15.4公里的切内里隧道竣工。至此，有瑞士“世纪工程”之称的阿尔卑斯山新线铁路全部贯通。阿尔卑斯山新线铁路投入使用后，货运列车可从欧洲吞吐量最大的鹿特丹港口直通意大利港口热那亚，将减少大型载重车辆的温室气体排放，具有重要的环境保护意义。

工程的根本使命是创造，工程创造了我们当下生活的世界。工程为人类创造了更好的生活环境，提高了人类生活质量，为增进全人类的福祉发挥了不可替代的作用。工程师通过工程科学技术将自然资源转换成物质财富，促进了社会和经济的发展。和许多著名的古代重大工程一样，人类今天的各种伟大的工程创造，也将因为造福人类社会而被载入文明史册。为彰显工程师和工程对世界的贡献，推动工程解决全球发展中的重大问题，加速实现全球可持续发展目标，2019年11月，联合国教科文组织第40届会员国大会通过决议，正式宣布将每年3月4日设立为“促进可持续发展世界工程日”，2020年3月4日是首个“促进可持续发展世界工程日”。

工程决定我们是否能实现人类的可持续发展，工程必须为解决人类面临的全球性问题做出贡献。近代以来，工业化进程创造了前所未有的物质财富，也导致了日益严重的生态创伤。在我们生活的地球上，环境污染、生态破坏、气候变化等问题日益突出，相应的伦理问题、道德问题和价值观问题也越来越凸显。大自然屡屡向人类发出警示，提醒我们只有尊重规律、敬畏自然，人类才能与地球家园和谐共生，才能拥有安全而美好的未来。2015年9月，在联合国成立70周年之际，各国元首和代表齐聚纽约联合国总部，通过了《变革我们的世界：2030年可持续发展议程》。这是联合国为推动世界和平与繁荣、促进人类可持续发展制订的行动计划，是人类基于历史经验和对未来期望所提出的全面系统的发展框架。人类必须在与自然和谐相处的同时实现经济、社会和技术进步。联合国可持续发展议程指出了17项可持续发展目标（SDGs），其中多个目标与工程直接相关，比如清洁饮水和卫生设施，经济适用的清洁能源，产业、创新和基础设施，可持续城市和社区，负责任消费和生产，气候行动，等等。

工程教育是关于工程专业知识和实践知识的教育活动，承担着培养工程人才的使命。高质量的工程教育是提升工程建设水平的重要基础，工程人才的质量将决定我们未来的世界。工程教育为世界各国培养了大批高水平、专业化的工程技术人才，极大地促进了各国的工业化进程。中国的工程建设取得了巨大的成就，一系列的重大工程为中国的现代化建设提供了强有力的可靠支撑，这与中国工程教育的发展密切相关。作为一个工程教育大国，中国建成了世界上最大规模的工程教育体系，工科学生约占普通高等教育在校生总数的1/3，约90%的高校设有工科专业。中国工程教育为国家培养了大批优秀的专业人才，对中国的现代化建设发挥了重要的推动作用。

工程教育是复杂而综合的多学科实践。现代工程越来越复杂，对工程师的专业能力和综合素质提出了更高的要求。工程师需要与不同学科背景的人合作，更需要兼备哲学思维、人文素养和企业家精神，能够提出可持续发展的创新性的解决方案。随着时代的发展，工科学科之间的交叉融合、工科与其他学科之间的借鉴学习、工程教育与产业界之间的沟通合作已经成为新的发展趋势。21世纪的工程教育正在向跨学科、跨领域、跨国家、跨文化的新范式转变。学科的交叉融合是工程教育人才培养的重要途径，有众多学科专业和宽广知识谱系的大学，是培养年轻一代工程科技人才的主力军。

在全球范围内，工程教育弱化的趋势依然存在。青年人对工程师职业的兴趣持续减弱，工科学生的实践动手能力不足，工科教师缺乏工程背景，工程界对人才的培养参与不够，工程师难以接受充分及时的继续教育。在世界范围内，工程教育资源分布仍然很不均衡，大量的工程教育资源集中在发达国家，很多发展中国家和地区的工科院校数量相对较少，对工程教育的投入严重不足，难以支撑本国和本地区的可持续发展。此外，选择学习工科专业和从事工程工作的女性比例远远低于其所占人口比例。这些问题的长期存在，对工程教育支撑全球可持续发展的能力构成了严峻挑战。

大学要主动承担培养从事可持续发展事业的工程人才的责任，提高人才培养质量。大学要为学生的成长提供更多的可能和更大的空间，努力拓宽学生的知识视野，不仅关注科技前沿和创新发展，更要教育年轻人深入学习可持续发展的理念，学会关注人、关注社会、关注地球家园的建设。大学要大力加强工程伦理教育，增强学生的社会责任感，培养学生具备健全人格，在维护人类共同利益方面积极作为。

环境问题与地球家园的建设紧密相关。大学要致力于学科发展和人才培养，推动环境问题的解决。由于快速的工业化和城市化进程，大气污染、水资源短缺、水环境污染、危险物、持久性有机污染物等已经成为最严峻和最复杂的世界性环境问题。环境学科是清华的传统优势学科，清华环境学院培养了一大批环境工程人才，体现了清华工科发展的高度。环境学科以重大需求为导向，在解决重大现实难题方面取得了一系列突破，实现了理论创新和重大技术创新，牵头承担了国家标准、ISO国际标准的研编，支撑了一系列国家标准、政策和行动计划的制定与实施，全面参与了相关国际公约的履行谈判工作和技术文件编制，建立了“联合国环境规划署巴塞尔公约亚太地区协调中心”等高水平研究机构，为重大环境问题的解决和可持续发展战略的实施提供了切实的技术服务、理论支持和决策支撑。

清华大学主动承担推动可持续发展、建设人类美好家园的历史责任。1992年6月3日至14日，联合国环境与发展大会在巴西里约热内卢举行，通过了以可持续发展为核心的《里约环境与发展宣言》《21世纪议程》等文件。清华大学钱易教授应邀参加了联合国环境与发展大会闭幕式。从巴西回国后，钱教授就开始着手“环境保护和可持续发展”课程的推进，这是中国高校开设的第一门关于可持续发展的课程，标志着中国可持续发展教育正式起航。1998年，钱教授向学校提出把清华办成“绿色大学”的想法。这一理念被学校采纳并付诸实践，经过20多年的探索和实践，清华大学的绿色大学建设取得了良好成效。钱易教授今年85岁，在疫情期间依然坚持在线为本科生上课，她说“只要自己还有力气，还有精神，就不能在讲台上下来，也不能在环保事业上退出来”。

水资源与人类的生产生活密切相关。大学要强调实践教学和劳动教育，让学生充分接受工程实践的锻炼。1958年，清华大学水利系师生响应国家号召，结合同学们的毕业设计，承担了北京密云水库的设计任务。水利系组织几乎所有师生投入到密云水库的工作中，在极为艰苦的条件下，圆满完成了任务。2020年是密云水库建成60周年。密云水库为北京的发展做出了重要贡献，水库投入使用以来，不仅解决了防洪防涝、农田灌溉的问题，也基本解决了困扰北京城区的缺水问题，它是北京最大的地表饮用水源地。1958年之后，一代又一代的清华师生，从设计、施工、抗震加固，到运行维护、安全检查，一直参与与水库有关的各项后续工作。许多学生在这个过程中成长为水利工程领域的著名专家学者。

气候治理关乎人民福祉和人类未来，大学要积极应对气候变化的全人类共同事业。清华大学高度重视气候变化和可持续发展议题。2019年5月，清华大学与全球11所大学发起成立世界大学气候变化联盟的号召，聚焦气候变化和协同治理以及教育合作交流，发挥各自的学术优势，培养有创新能力的人才，引领全球大学共同践行应对气候变化的使命。联盟创始成员包括澳大利亚国立大学、加州大学伯克利分校、剑桥大学、帝国理工学院、伦敦政治经济学院、麻省理工学院、东京大学、清华大学、里约热内卢联邦大学、印度科学大学、巴黎政治大学和斯坦陵布什大学。清华大学担任联盟首届主席学校。2019年11月17—19日，由世界大学气候变化联盟发起的首届研究生论坛，吸引了来自9个国家55所高校的150余名研究生参加，大家深入研讨如何应对气候变化和推动生态文明建设，并签署了《气候变化青年宣言》。2020年7月9日，我代表清华大学应邀出席联合国可持续发展目标“行动十年”计划大学校长特别会议，与来自60多个国家的100多所顶尖大学的同仁，探讨大学如何进一步加强与联合国的合作，共同应对可持续发展目标所面临的机遇与挑战。2020年7月23日，联合国秘书长古特雷斯应邀在清华全球暑期学校讲授“后疫情世界的气候治理”，这是他自新冠肺炎疫情暴发以来首次面向全球师生公开演讲。古特雷斯强调，各国在拯救、重建和重置经济的过程中应考虑气候行动，让社会变得更具韧性，各国应携手打造一个更具包容性和可持续性的未来。

面向未来，大学要自觉担负起推动可持续发展的责任，积极推动工程教育的创新发展。麻省理工学院教授爱德华·克劳利（Edward Crawley）是享誉世界的学者，是世界工程教育的领导者。从1982年首次访问清华以来，他一直参与清华大学的工程教育工作，对清华怀有深厚的感情。克劳利教授提出的CDIO教育模式是近年来国际工程教育改革的新进展。CDIO指的是构思（Conceive）、设计（Design）、实现（Implement）和运作（Operate）。CDIO模式以产品研发到产品运行的生命周期为载体，让学生以主动和实践的方式学习工程专业，提高综合能力。2020年4月24日，我以线上的方式向克劳利教授颁发了清华大学名誉教授聘书，同时宣布聘请他担任清华大学东南亚中心教务长。东南亚中心立足印度尼西亚，辐射整个东南亚地区，旨在为东南亚和“一带一路”国家培养人才，促进中国与东南亚地区的人文与学术交流。清华大学将持续推动工程教育的创新实践，与更多的学者和学术机构开展紧密的合作，共同推动工程教育理念的发展与创新。

面向未来，大学要积极推进国际交流与合作，不断提升可持续发展全球合作层次。地球是人类共同的家园，可持续发展是世界各国的共同目标。2020年10月13日，清华大学与耶鲁大学共同主办中美大学校长论坛，20所中美大学的校长相聚云端，在面对人类未来的重大危机时联合起来，在新形势下推进两国高等教育发展与合作。2020年11月5日，在中意两国建交50周年之际，清华大学与米兰理工大学联合举办中意大学校长论坛，并启动“中意青年创新创业年”，中意两国21所大学的校领导相聚云端，探讨创新人才培养与人类社会创新发展的新思路。人类是休戚与共的命运共同体，“积力之所举，则无不胜也；众智之所为，则无不成也”。世界各国的大学携手合作，必将有助于共建一个美丽健康的地球家园。

在一个充满不确定性的时代，面对人类面临的共同挑战，面对社会对培养高素质创新型人才的迫切需要，大学有压力更要有责任担当，大学要有所作为，更要抓住机遇不断提升办学水平。更创新、更国际、更人文的大学将更有能力支撑人类社会的发展。未来的大学将更加开放、更加融合、更有韧性。2021年4月25日，清华大学将迎来建校110周年校庆，庆祝活动的主题是“自强成就卓越，创新塑造未来”。未来的大学通过创造知识、传播思想、培育人才，在更好地推动经济与社会的可持续发展、解决人类面临的共同挑战方面将发挥更大的作用。

今天，第二届国际工程教育论坛在线召开，再次向世人表达我们共同推动可持续发展、建设美好地球家园的坚定信念。中国北宋文学家苏轼用“但愿人长久，千里共婵娟”的词句，表达对远方亲朋的思念之情和美好祝愿。人类守望着同一轮明月，也居住在同一个地球。我相信，全球工程教育界和工程界的彼此信任和共同担当，将为人类保护生态环境、实现联合国可持续发展目标发挥不可替代的作用。2020年也许会成为人类社会历史上的一个分水岭，历史将记住我们在这一年的思考与行动。我相信，今天的云上国际工程教育论坛一定会在工程教育发展史上留下浓墨重彩的一页。让我们共同努力，让我们共同行动起来，共同培养卓越的工程科技人才，共同承担起建设人类美好家园的责任！

特邀报告

解振华

生态环境部气候变化事务特别顾问，清华大学气候变化与可持续发展研究院院长

XIE Zhenhua

Special Envoy on Climate Change, Ministry of Ecology and Environment of the PRC; President, the Institute of Climate Change and Sustainable Development, Tsinghua University

解振华，中国生态环境部气候变化事务特别顾问，清华大学气候变化与可持续发展研究院院长。2015—2019年，担任中国气候变化事务特别代表。曾任中国国家环保总局局长、国家发改委副主任。长期负责中国的环境保护、资源节约、节能减排和应对气候变化事务，获得了全球环境基金“全球环境领导奖”、联合国环境保护最高奖“联合国环境署笹川环境奖”、世界银行“绿色环境特别奖”、全球节能联盟“节能增效突出贡献奖”、世界自然基金“宜居星球领袖奖”和“吕志和持续发展奖”。

XIE Zhenhua, Special Envoy on Climate Change of China, President of Institute of Climate Change and Sustainable Development at Tsinghua University. Formerly, Administrator of National Environmental Protection Agency of China, Vice Chairman of the National Development and Reform Commission. From 2015 to 2019, he assumed the post of Special Representative for Climate Change Affairs of China. For a long time, Mr. XIE Zhenhua has been responsible for environmental protection, resource conservation, energy conservation and emission mitigation, and climate change affairs. Mr. XIE Zhenhua received GEF Global Leadership Award, UNEP Sasakawa Environment Prize and World Bank Special Green Award, Alliance to Save Energy-Energy Efficiency Visionary Award, and WWF Livable Planet Leadership Award and the Lui Che Woo Sustainability Prize.

加速绿色低碳转型，实现双碳目标

解振华

尊敬的安德森执行主任，欧敏行主任，李晓红院长，邱勇校长，各位同事、老师们、同学们，大家好。

本届论坛以“生态环境与可持续发展”为主题，正是后疫情时代各国推动绿色复苏的方向与着力点，很高兴在此与各位分享我的一些认识和想法。

尽管新冠肺炎疫情打乱了世界各国经济社会发展的常规节奏，但《巴黎协定》确定的绿色低碳发展的大趋势不可扭转，国际社会应该保持战略定力，加速向绿色经济转型，联合国秘书长古特雷斯提出绿色复苏倡议，对此我非常赞同，只有选择绿色复苏，才能够化危为机，帮助各国走出当前的困境，实现《巴黎协定》和全球可持续发展的目标，为地球村的子孙后代创造美好的未来。中国的实践证明，应对气候变化的政策行动不但不会阻碍经济发展，而且有利于提高经济增长的质量，培育带动新的产业和市场，扩大就业、改善民生、保护环境、提高人们的健康水平，实现协同发展。

2005年至2019年，中国GDP增长了约4倍，实现全国亿万农村贫困人口基本脱贫，同期能源消费和二氧化碳排放年均增长率由2005年至2013年的6.0%和5.4%，分别下降到2013年至2018年的2.2%和0.8%，调整优化产业结构和能源结构，单位GDP二氧化碳排放降低了48.1%，相当于减少了二氧化碳排放约56.2亿吨，非化石能源与一次性能源的比重由7.4%提高到15.3%，煤炭消费比重从72.4%下降到55.7%，森林蓄积量由计划增加到137亿立方米，最后实际增加到170亿立方米，大气环境质量明显改善，实现了经济发展与碳排放初步脱钩，提前实现了2020年应对气候变化国家自主目标，并为实现2030年前二氧化碳排放达到峰值奠定了基础。

9月22日，中国国家主席习近平在联合国大会宣布了中国二氧化碳排放力争于2030年前达到峰值，努力争取2060年前实现碳中和。中国是全球温室气体排放的大国，这一目标的确定进一步向全世界展现了中国为应对全球气候变化做出更大贡献的积极立场和有力行动，顺应了全球疫情后实现绿色高质量复苏和低碳转型的潮流，展现了推进全球气候治理进程的信心。10月底闭幕的十九届五中全会明确了2035年基本实现社会主义现代化远景目标，其中提出了广泛形成绿色生产生活方式，碳排放达峰后稳中有降，生态环境根本好转，美丽中国的建设目标基本实现。中国正在研究制定“十四五”规划，发布中长期低碳发展战略，也将把应对气候变化近期、中长期目标与经济社会环境发展目标相融合，由此建立倒逼机制，推动各领域加速向绿色低碳转型，加快技术创新和制度机制创新，实现高质量发展。实现新的碳达峰和碳中和的目标非常不容易，我们需要付出艰苦卓绝的努力，我认为未来应该主要采取以下措施：

一、优化能源结构，开展能源革命。努力构建清洁、低碳、安全、高效的能源体系，努力控制和减少煤炭消费，合理发展天然气，安全发展核电，大力发展可再生能源，积极生产和利用氢能，提高全经济部门的电气化水平，加强能源系统与信息技术的结合，实现能源体系智能化、数字化转型。

二、推动工业优化升级。占终端碳排放近70%的工业部门将是率先达峰的领域，要严控高耗能、高排放行业的扩张，控制非二氧化碳温室气体排放，促进工业低碳技术研发和推广应用，开展重点企业节能减排低碳行动，推动制造业向低碳、脱碳纵深发展，推动产业结构升级和现代化，发展智能制造与工业互联网。

三、建设低碳基础设施，避免高碳锁定。建筑部门碳排放占比约20%，我们需要合理地控制建筑规模，实现基于电气化光伏的建筑柔性用电系统、建筑能源系统变革，充分利用各类余热资源与生物质能源，大力建设绿色建筑和简约的生活方式与行为模式。

四、建设绿色低碳交通体系。交通运输部门的碳排放占比约10%，随着城镇化的推进和生活水平的提高，未来一段时期内还有增长的趋势，要推动运输方式结构变革，大力发展公共交通和清洁零排放汽车，充分发挥各种运输方式的比较优势和组合效率，加快发展绿色运输方式，扩大使用清洁动力、绿色动力。

五、发展循环经济，提高资源的利用效率。循环经济是经济社会发展与污染排放脱钩，减缓气候变化的治本之策，要坚持生产者责任延伸制度，企业实行清洁生产，园区发展绿色循环的生态产业体系，建设生活废弃资源循环利用的无废城市，健全社区生活垃圾回收利用制度。要建立能让所有参与方都受益的商业模式，通过资源的减量化再利用和资源化，提高全社会主要资源产出率，努力实现资源节约型、环境友好型社会。

六、推动技术创新。要积极研究发展成本低、效益高、减排效果明显，安全可控，具有推广前景的低碳零碳负碳技术，大力发展规模化储能、智能联网、分布式可再生能源和氢能等深度脱碳的技术，研发碳捕集利用和封存技术，加快工业技术与绿色材料技术制造的先进化、信息化、智能化等的融合创新，加快推广电动汽车、氢燃料汽车，推广节能高效的用能设备，研发实现资源循环利用。

七、发展绿色金融。通过发挥财政资金的引导与杠杆作用，鼓励吸引社会资本参与绿色投资，建立完善绿色金融体系，将符合条件的绿色信贷和绿色债券纳入货币政策，补充完善绿色债券支持项目目录和绿色产业指导目录，引导社会资本流向应对气候变化的经济活动，支持金融机构发行绿色债券，创新绿色金融产品和服务，为实现2030年提前碳达峰以及2060年碳中和这一目标，气候融资的前景广阔，需求量非常大。

八、出台绿色财政、税收、价格等配套经济政策。实现绿色低碳转型，需要激励性的经济政策向社会和市场主体传递清晰的信号，按我们的实践经验投入公共财政资金的10%，大体上可以撬动90%的社会资金，我们要不断加大公共资金对气候变化的支持力度，对高效节能产品、绿色建筑、新能源汽车、节能改造、可再生能源等节能减排的技术、产品和项目在财政、税收、价格政策上实行鼓励措施，发挥杠杆作用，撬动几十万亿人民币的投资市场，带动全社会的投资。

九、建立完善的碳市场。碳市场和碳定价机制以尽可能低的成本实现全社会减排目标，鼓励技术创新、公平竞争。我国在已有碳排放权交易试点的基础上，首先在电力行业启动了全国的碳市场，还将逐步纳入水泥、电解铝、钢铁、化工等其他重点排放行业，在全球范围，我们主张通过建立全球碳市场合理定价，确保环境完整，防止碳泄漏，促进公平贸易，降低减排成本，提高减排效果。

十、基于自然的解决方案。尊重自然规律，通过造林加强农田管理，保护湿地等生态保护和生态修复，改善生态管理等实施路径，提升大自然的服务功能，实现控制温室气体排放，提高应对气候风险的能力，既是适应气候变化的行动，也是全球气候行动和力度的助力，具有增加森林碳汇、林业碳汇和土地吸收碳汇效应。

中国已经和新西兰共同牵头提出了一个完整的基于自然的解决方案（NBS），未来还将继续与各方一道加强通过政策投资等手段，加强NBS的实施，积极推动该领域的行动和国际合作，发挥其对实现碳中和的积极作用。此外，应对气候变化，离不开国际合作。各方应坚持《巴黎协定》原则和框架，推动全球气候治理的进程，当务之急是落实《巴黎协定》，提高各个国家行动的力度。各国应该根据本国的国情和能力制定目标，采取积极的政策措施，尽其所能，加速绿色低碳转型，同时发达国家要为发展中国家提供资金、技术和能力建设的支持，帮助它们实施减缓与适应行动，不让任何一个国家掉队。

各位同事、朋友们，工程是推动人类进步的重要力量，工程教育事关人类的未来，国际工程教育论坛致力于研讨工程教育的创新发展，促进世界工程科技和社会的进步，应对全球性的重大挑战。而应对生态破坏、气候变化、公共健康、经济危机等全球性挑战，可持续发展是一举多得、事半功倍的明智选择，期待通过本次论坛的充分交流，为全球的可持续发展、生态环境保护和应对气候变化贡献智慧和方案，为培养面向未来的卓越工程创新人才提供思路和支持。预祝本次论坛取得圆满成功，谢谢大家！

侯　锋

中国水环境集团有限公司董事长

HOU Feng

Chairman, China Water Environment Group

侯峰，中国水环境集团董事长兼总裁，生态环境部、财政部等特聘专家，城镇污水深度处理与资源化利用技术国家工程实验室副理事长。主持承担了国家重大水专项、863科研项目等重大课题研究十余项。主持牵头编制国家首部下沉式水厂标准《地下式城镇污水处理厂工程技术指南》（已实施）。曾获第二、第三届中国两弹元勋邓稼先青年科技奖、生态环境部“中国生态文明奖先进个人”等。

HOU Feng, Chairman and CEO of China Water Environment Group (CWEG) , Distinguished Expert with Ministry of Ecology and Environment of the PRC, Ministry of Finance and other ministries, and Vice President of National Engineering Laboratory of Municipal Wastewater Treatment and Utilization Technologies. Dr. HOU has presided over a dozen of major national water projects and projects for the March 1986 National High-Tech Program and led the compilation of China’s first Underground WWTP Engineering Technology Guide (in effect) . He was the winner of the Second and Third Deng Jiaxian Science and Technology Awards for China’s Excellent Youth and China Ecological Conservation Excellence Award granted by Ministry of Ecology and Environment of the PRC.

下沉式再生水系统推动城市水环境高质量发展

侯 峰

我汇报的题目是下沉式再生水系统推动城市水环境高质量发展，主要从研究背景、研究创新以及成果转化三个方面汇报。

我国是个水资源稀缺的国家，人均水资源、土地资源是世界人均的1/4和1/3，中国高度重视生态文明建设，党的十八大以来，环境保护上升到生态文明建设的新高度，成为全党全国人民的共同意志。2017年10月，党的十九大将“绿水青山就是金山银山”正式写入党章。2019年9月，习近平总书记再次指示要坚持以水定城、以水定地、以水定人、以水定产，把水资源作为最大的刚性约束。近20年来，我国建设了5600余座城市污水处理厂，日处理量约2亿吨，但也存在一定的问题。一是占地近30万亩；二是许多污水处理厂现在已经被城市包围，臭气、噪声等问题日趋严重；三是能耗大；四是污水资源化回用难。为解决上述问题，应找到一条适合中国国情的排水规划和技术路线，不能继续沿用集中建设地上污水处理厂的传统模式。

8年来我和清华大学老师一起进行了系统科学的研究和大量的工程实践，创新性地提出适度集中、就地处理、就近回用的排水规划，并以下沉式污水处理再生水系统为载体，将城市污水处理厂打造成城市的资源能源中心、数字化管理中心、公共服务中心，实现水资源、土地资源及绿色能源的高效利用，同时也降低了污水在城市管网中长距离输送渗漏以及噪声的环境风险。

下沉式再生水系统具有环境友好、资源利用、生态安全等优势。以下沉式再生水系统为核心的创新模式的提出，得益于我在清华大学求学和研究的经历。2017年我们和清华大学等单位联合承担了“十三五”国家重大水专项课题“地下污水处理模式创新与生态综合体示范”，2018年将研究成果和工程实践做了分享，取得了很好反响。2019年我们开展地下工程优化的研究，同年集团下沉式再生水系统创新实践得到了国家认可，被住建部授予水专项成果转化示范基地，我们牵头清华大学等编制的国内首部地下式城市污水处理厂技术指南，已于2020年1月1日在全国实施，我们以资源化利用技术构建入选生态环境部国家先进污染防治技术目录，污水深度生物脱氮技术及应用荣获国家技术发明二等奖，下沉式再生水系统已被行业、政府和老百姓认同。

自清华大学毕业以来，我继续坚持围绕下面几个方面持续研究创新，一是高品质出水下的高效节地节能的工艺技术研究，二是通风除臭环境安全研究，三是污泥处理及资源化利用研究，四是地下空间结构研究，五是安全稳定运营及智能管理研究，六是工程实践与模式创新研究。在研究的基础上目前已形成七大核心技术，一是高效节地型生物处理工艺，二是高效生物臭气处理技术，三是高效污泥低温干化技术，四是智能管理系统技术，五是绿色能源利用技术，六是地下空间建筑结构工程技术，七是生态综合体构建技术。仅下沉式再生水系统已形成专有专利技术119项，在研究的基础上我们致力于成果转化，该项目总投资67亿元，新建下沉式再生水厂16座，改扩建5座，服务人口350万人，服务面积达6600平方公里。该项目较原计划仅管网一项就节约投资15亿元，节约占地约4200亩，向南明河生态补水4.5亿立方，整个工期节约了6个月以上，该项目是国内首个出水标准达到地表水4类，实现百分之百水资源利用的成功案例，项目实施后，已全面消除劣5类水体，南明河干流80%的时间达到地表水3类，河床植物覆盖率由15%提高至85%，真正实现了鱼翔浅底、鸟语花香，老百姓又回到了南明河母亲河边。

污水处理下沉式再生水系统地上地下统筹利用，地面建设的生态公园、停车场、水环境科学馆大大提高了城市公共服务产品的供给，其中青山下沉式再生水厂已成为生态文明贵阳国际论坛的永久会址。人大代表和当地老百姓、国内外专家对科技创新和治理成效非常认可，在整个过程中我们也可喜地看到，不仅是政府、企业高度重视环境的治理，更多的老百姓、大学生、中学生，不管他们是什么专业背景，更加积极地参与到了母亲河的治理和保护中，发挥了越来越多的作用。

第二个成果也是在清华大学工程博士期间的工程实践案例——大理洱海水环境治理项目，该项目包括污水收集管网240公里，服务范围66.41平方公里，出水达到地表水4类，再经过生态的净化，达到地表水3类全部回用，减少从洱海排污2000万吨以上，该项目为政府节约投资6.1亿元，缩短工期9个月，节约土地160亩，2019年洱海7个月达到了2类水质，全年平均水质为优。2019年2月韩正副总理视察了该项目，2015年9月原清华大学校长、环保部部长也视察和考察该项目，并为工程实践提供了非常好的建议，洱海地处多民族居住区，项目的顺利进行也说明了多民族对美好生活和友好环境的热爱。

第三个工程实践是北京碧水项目，该项目是国内首例原地不停产下沉改造的项目，原规模日处理规模10万吨，出水标准一级B，河道污染和邻避问题严重，改扩建后日处理规模18万吨，出水标准达到京标B，项目服务面积45.8平方公里，该项目距离北京城市副中心行政中心2.2公里，经处理后再生水向萧太后河补水，为通州行政办公区供水，彻底解决了邻避问题。该项目释放土地330亩，是北京出水标准最高、施工难度最大、工期最短的标杆项目，该项目是国内首个水处理创新的孵化基地，实用技术评估和社会化服务平台，同时也是与清华大学等高校的产学研中试基地。在这个过程中我们发现了一个明显的变化，一方面是很多非环境专业的学生，越来越多地参与到环境保护和科学探索中来；另一方面是环境工程专业的学生也更加注重理论和工程实践的结合，项目已成为学科交叉延伸的平台。

简要介绍一下我们集团，中国水环境集团是国家开发投资集团旗下的专业化环境领军企业，城镇污水收集处理及资源化利用的创新者和领跑者，经过 7 年的创新和实践，集团下沉式再生水系统规模位居亚洲第一，国家示范项目居行业第一，清华大学工程博士研究和工程实践是集团高质量快速发展的重要支撑之一。亚洲开发银行长期关注和支持集团的发展和创新，三年期间提供了 4.5 亿美元的资金支持，也是亚行对中国环境企业提供的最大一笔贷款，亚行表示集团的污水处理下沉式再生水系统的创新和水环境综合治理的模式将引领中国乃至世界水环境治理的未来发展方向。据联合国统计，世界上还有 80% 以上的污水没有得到有效处理，还有36亿人生活在缺水缺地的地区，人类只有一个地球，我们愿与全世界教育家、科学家、工程师们继续努力推动工程技术不断进步，为人类美好的水生态环境做出贡献。

黄晓军
威立雅环境集团副总裁、董事总经理
HUANG Xiaojun
Vice President, Managing Director, Veolia China

黄晓军，威立雅环境集团中国区副总裁、董事总经理。黄晓军先生同时担任中国市长·跨国企业家联席会轮值主席、中华全国工商联合会环境服务业商会执行会长、中国外商投资企业协会副会长、中国循环经济协会副会长、中国可持续发展工商理事会董事会成员及中国跨国公司促进会副理事长等职务。1999 年，加入威立雅水务，2004 年出任中国区副总裁主持对外关系事务。期间，于2006年获北京大学工商管理硕士学位。2010年出任威立雅集团中国区副总裁。2013年，赴清华大学经济管理学院深造。

HUANG Xiaojun, Vice President, Managing Director of Veolia China. Mr. HUANG is the Co-chairman of Chinese mayor and multinational CEO round table, Executive President of China Environment Service Industry Association, Vice President of China Association of Enterprises with Foreign Investment, Vice President of China Association of Circular Economy, Board Member of China Business Council for Sustainable Development, and Vice Chairman of China International Council for the Promotion of Multinational Corporations. He joined Veolia Water in 1999. In 2004, he started presiding over external relations as the Vice President of Veolia Water China. Since 2010, he has been Vice President of Veolia China. In 2006, Mr. HUANG received Master of Business Administration degree from Peking University. In 2013, he undertook further study at School of Economics and Management, Tsinghua University.

碳中和视角下的环境产业

黄晓军

各位领导、各位专家、各位嘉宾，大家晚上好。非常荣幸能够参加今天的论坛，感谢大会组委的邀请，尤其是感到非常荣幸能跟各位专家院士一起在清华第二届工程教育国际论坛上就关心的问题进行一些研讨，并发表我们企业在一线活动的感悟。

我今天跟大家汇报和探讨的题目是碳中和角度下的环境产业。从一个专业的企业的角度来说，我们都知道2020年9月习近平总书记在第75届联合国大会上指出，中国二氧化碳排放力争于2030年前达到峰值，努力争取2060年前实现碳中和，11月底发布了《中共中央关于制定国民经济和社会发展第十四个五年规划和二〇三五年远景目标的建议》。建议指出加快推动绿色低碳发展，推动能源清洁低碳高效利用，降低碳排放强度，支持有条件的地方率先达到碳排峰值，制订2030年前碳排放达峰行动方案。大家也知道最近一段时间国家的主管部委正在就2030年前达到碳排放峰值方案以及一些时间节点、具体路径和产业政策进行密集性的调研。

我们来看一下相关的数据。根据我们国家主管权威部门以及UNEP发布的2019年排放差距报告，根据各种各样不同的统计方式，中国年碳排放量去年大概是100万吨，2007年、2008年超过美国成为全球第一大碳排放国。虽然我们人均碳排放是居于全球第二位，由于中国仍然处于工业进一步发展和城镇化的过程中，还是在一个产业化的进程。如何在十年内达到碳峰值，接下来又用30年从碳峰值逐渐到碳中和的程度，我们认为是非常有挑战性的，而且是有一些难度的。大家都认为低碳经济碳排放、碳中和、碳峰值的必经之路是循环经济。循环经济主要目标是如何少耗能、少排放，同时提高农业和能源使用率和生产效率。我们业内大家都有一个共识，源头减量、过程管控、末端减排和循环利用，怎么回收使用，这个是我们尽快实现碳中和这一宏伟目标的必经之路。我们认为减少碳排放是其中一个抓手。我个人认为碳排放有三个维度，第一个是产业重审和调整，也就是说由高耗能、高排放的产业逐渐调整为以低碳经济为主的产业结构。第二个是在能源结构方面也要进行优化、提高能效、降低化石能源的使用，尽可能地以新能源来替代石化为主的一次性能源。第三个是交通运输的方式和能源的转变，尽快减少燃油车，逐渐向新能源车方向发展。我们知道中国电动车的发展在全球也是非常迅速，在中国汽车保有总量里面也是占了越来越重的比例，但是要全部淘汰燃油车，仍有很多的工作要做。我们也知道欧盟一些国家和英国已经制定了非常严厉的政策，要求2035年和2040年要全部替代燃油车，这个方面中国可能还有不少的路要走。在新能源方面除了电动车以外，包括能源结构优化方面，氢能源的替代也是非常重要的课题。在中国任何产业的变化，任何的发展都需要政府、社会和企业一起推动，向低碳经济碳中和方向的发展需要政府在法律法规标准方面出台一些相关的政策，进一步鼓励和推动整个产业和社会向碳中和迅速迈进。我们社会也需要在这方面高度的一致化，这里不仅仅是产业问题，也是我们日常生活态度和方式的改变，同时也需要我们在座的专家们和院士们出谋划策，多给我们一些技术和途径的指导。企业是经济生活方面的支柱，企业也需要做很多的贡献，来达到碳中和。

接下来我结合威立雅作为一线环境企业、环保企业是如何在我们的具体业务和日常运营中为尽快实现碳中和目标做出自己的贡献的。简单介绍一下威立雅的一些业务，以帮助我下面就有关题目的展开。威立雅是全球环境保护的领军企业，它主要为众多的城市和企业提供水务废弃物和能源管理相关解决方案，从而推动可持续发展，同时它又是全球循环经济标杆性企业，威立雅集团这块的业务主要是集中于帮助城市和企业管理优化及充分利用资源探索以二次资源、二次能源为核心的模式，威立雅集团从90年代进入中国以来，在40多个城市运营了90多个项目。

首先从集团能源业务来做一些介绍。我们集团最近突出的、作为优先发展的领域就是能源管理业务。能源管理业务不仅仅向城市的商务商业、行政中心、学校、交通枢纽、医院等提供完善、全面的能源管理、优化能源、减少能源、减少排放的服务，我们还通过自己新的技术化模式积极推动化石能源的替代。从我们另外的一些业务中，比如说利用农业林业的残留以及污水处理中的污泥和固废处理中的生物质，以生物质能源作为新能源来替代化石能源、传统能源的部分。简单介绍一个案例，黑龙江的齐齐哈尔负责克东县的供热，这个能源主要是采用传统能源和农业生物质的混合方式，向500万平方米的地区进行供热，未来全部可以转化为生物质能源。农业生物质主要是农业的残留，我们变废为宝，同时减少排放，推动传统能源向生物质能源的转变。

另外一块重要的业务就是城市供排水的业务中，要实现少用能、少排放、碳转化、碳中和。这些目标将给业内水处理领域带来一些技术的挑战，给我们留下一些重要的研发革新的课题方向，比如说无碳高效净水、低碳安全的配送、碳能清洁的转变、水自然能源的回收以及光热电能源的协同利用等。我们在香港负责设计建设运营的世界最大的焚烧厂，每天处理量是2000吨，焚烧可产生高达14兆瓦的电力，除了供生产和厂区使用，大于2兆瓦的电力可以输出到城市里使用，这个水是通过海水淡化产生的，也就是说这个项目不仅仅实现污水和污泥跟固态的零排放，而且几乎是能源的零输入，完全形成了单独的能源和资源内部循环的项目。这是我们一个示范案例。

刚刚说到的是水业务中的业务市政这一块，同时工业水方面，在解决工业、水、气、固和能源问题的同时，我们给整个工业客户提供了一体化的解决方案。比如说2006年开始的威立雅与中石化的合作项目，当时主要是改进它的污水和处理管理系统，2016年双方又把这个合作扩展到循环水、能源优化等其他领域的合作，其中这个项目的一个亮点是利用废渣堆积坑建立了一个湿地公园。这个湿地公园的水主要来自工业的循环水，就是为63%工业循环水找到了可利用之处，这个公园不仅仅是开放式的，附近居民可以在这儿休闲，丰富了周边居民的文化生活内容，同时更是改善了局部的生态环境，成为鸟类的栖息地。有众多的鸟类在这里栖息，而且很多的珍稀鸟类也逐渐回归这一区域，比如说朱鹮，说明我们的业务不仅仅是工业环保型的项目，而且是一个生态绿色文明延伸的项目。

发展循环经济是低碳经济的有效手段和必经的途径，也是环保业未来的发展方向。我们知道塑料垃圾是全球分布最广、影响最深，而且是最难处理的废弃物之一，量巨大、技术要求比较高、耗时长、成本非常昂贵。如何应对四处可见的白色垃圾，不仅仅是行业和整个社会、政府面临的挑战性的难题。威立雅在这方面已经做出一些布局，威立雅在PET食品及循环领域占欧洲市场份额25%左右，是全球终结塑料垃圾联盟发起单位之一。2018年我们在国内就开始建立了威立雅华飞的处置循环中心，在杭州、湖州、武汉都有布局。主要是废弃塑料，尤其塑料瓶回收、清洗、再利用，再生产为相关的PET等相关工业材料，里面既可以处理成为颗粒，也能够进行拉丝。威立雅是国内这个领域主要的企业之一。公司回收塑料处理以后制成二次塑料。二次塑料可以在服装、汽车、家电、数码电子等产品中实现再生，重新回到产业中去。

威立雅成立至今将近170年，这一两年威立雅在结合自己的发展历程和历史，对自己的立世之本与对社会和地球的贡献进行了深层次的反思，我们发布了立世之本的理念，为集团在员工、股东、客户、社会和地球五个维度设定了18个可持续发展的目标，制定了跨越性的经济发展的计划、经济指标，尤其是包括了循环经济和抗击气候变暖设定的目标。我们立志成为全球生态转型的标杆企业，在企业、员工和客户共同发展的同时，争取为我们的社会，为我们赖以生存的地球做出更大的贡献，这也就需要企业联手起来，为低碳经济，为环保、为循环经济和生态文明做出自己应有的贡献。谢谢各位，谢谢大家。

第二届国际工程教育论坛

The 2nd International Forum on Engineering Education

2020年12月2-4日 Dec. 2-4，2020

分组论坛A1

Panel A1

水环境与水生态

Water Environment and Water Ecology

December 3, 2020 CST 20:00-23:00

承办单位

清华大学环境学院

School of Environment, Tsinghua University

Organizer

School of Environment, Tsinghua University

分论坛介绍

现今，饮用水和其他领域用水供应是世界许多地区所面临亟待解决的问题。在全球缺水、严重水污染和环境恶化问题仍然十分突出的情况下，克服水危机、保护水环境、提供清洁用水是本世纪最大的工程挑战之一。科学家和研究人员一直在努力寻求广泛、长期、实用、生态友好的解决方案和战略，以改善水资源供应，减少用水，开发水项目，满足供水和质量需求，并改善水环境和水生态系统。

我们诚挚地邀请您参加2020年IFEE大会“水环境与水生态”分论坛，聆听知名学者具有真知灼见的演讲，探讨如何发挥环境工程教育在可持续发展中的重要作用！

Panel Introduction

Today, the availability of water for drinking and other uses is a critical issue in many areas of the world. In a situation where global water shortages, serious water pollution, and environment deterioration are still very prominent, overcoming the crisis in water, preserving water environment, and providing access to clean water have been one of the greatest engineering challenges in the century for a healthy, sustainable future for the planet. Scientists and researchers have been endeavoring to seek widespread, long-term, practical, ecologically sound solutions and strategies to improve water availability, reduce water use, develop water projects, meet the water supply and quality needs, and enhance water environment and water ecosystem.

We sincerely invite you to Panel “Water Environment and Water Ecology” of IFEE 2020, listening to the enlightening presentations by distinguished scholars and discussing how to give play to the important role of Environmental Engineering Education in sustainable development!

承办单位简介

清华大学环境学院源于1928年设立的市政工程系，在我国环境工程学科奠基人陶葆楷先生的带领下，经过几代人的艰苦奋斗逐步发展壮大，在保持国内领先优势的同时，国际影响力不断攀升，2020年QS学科排名进入世界前十，成为国内外重要的环境保护高层次人才培养基地和国际高水平科学研究中心。

清华大学环境学科的目标是建立适应未来挑战的环境学科体系，培养复合型创新型人才，坚持自由探索的良好学术生态，提升交叉融合的新型创新能力，持续产生具有国际影响的新知识、新技术和新方法，推动解决区域和全球性环境问题，跻身全球环境学科前列。

生态文明建设是中国现阶段发展的重大挑战，国家全面打响蓝天、碧水、净土保卫战，站在新的历史起点，清华大学环境学院将勇担重任，乘风破浪，笃定前行。

About the Organizer

School of Environment (SOE) , Tsinghua University originated from the Department of Civil Engineering founded in 1928. Under the leadership of Mr. TAO Baokai, the founder of environmental engineering discipline in China, successive generations of SOE people have been endeavoring to develop SOE to be a nationally and internationally recognized institution for high-end talent cultivation and cutting-edge scientific research. SOE is placed No. 9 by the QS World University Subject Rankings 2020.

SOE aims to establish a future-oriented environmental discipline system, nurture interdisciplinary and innovative talent, create a sound academic atmosphere of free exploration, improve interdisciplinary integration and innovation ability, and continuously generate brand-new, internationally influential knowledge, technologies and methods, thus helping solve regional and global environmental problems, and rank SOE among the top in environment discipline across the globe.

How to advance ecological civilization has been a major challenge for sustainable development at current stage. China has launched an all-out initiafive for blue sky, clear water and clean soil. Looking forward, SOE will shoulder its responsibility and move on firmly.

分论坛主持

主持人 Chair

余　刚
清华大学环境学院教授，环境学院学术委员会主任
YU Gang
Professor of School of Environment and Chair of Academic Committee of School of Environment, Tsinghua University

余刚，清华大学教授，获得教育部长江学者奖励计划特聘教授、国家杰出青年科学基金资助获得者和北京市教学名师奖。兼任国家履行POPs公约工作协调组专家委员会副主任、中国城市科学研究会第六届理事会秘书长、持久性有机污染物专业委员会主任，以及期刊*Emerging Contaminants*主编和*Critical Review in ES&T*的副主编等。长期研究有机污染物控制理论、技术和战略，先后以难降解有机污染物、环境内分泌干扰物、持久性有机污染物、药物和个人护理品等典型有机污染物为研究对象，在源清单方法学、环境污染特征、控制原理与技术、控制战略等方面取得了系列创新型研究成果。曾获国家自然科学二等奖1项、国家科技进步二等奖2项、教育部自然科学一等奖2项，连续六年入选Elsevier中国高被引学者榜单。

YU Gang, Cheung Kong Scholar Chair Professor at Tsinghua University, Recipient of the National Science Fund for Distinguished Young Scholar, and Winner of Beijing Municipal Renowned Teacher Award. He is the Deputy Director of the Expert Committee of the National Coordination Group for Stockholm Convention Implementation, the Secretary General of the 6th Council of Chinese Society for Urban Studies, the Director of specialized committee for persistent organic pollutants, the chief editor of *Emerging Contaminants* and the associate editor of *Critical Review in ES* & T. He continues to study the theory, technology and strategy of organic pollutant control, and has achieved a series of innovative research results in the aspects of source emission inventory methodology, environmental pollution characteristics, control principle and technology, and control strategy of typical organic pollutants (e.g., persistent organic pollutant, endocrine disruptors, pharmaceutical and personal care products) . Prof. YU was awarded a Second Class National Prize of Natural Science, two second prizes for National Science and Technology Progress Award, and two first prizes for Natural Science Award of Ministry of Education, and has been listed by Elsevier on Most Cited Chinese Researchers for six consecutive years.

格伦·戴格尔

密歇根大学教授，美国工程院院士，中国工程院外籍院士

Glen T. DAIGGER

Professor of Engineering Practice at University of Michigan

Member of U.S. NAE; Foreign Member of CAE;

格伦·戴格尔，美国工程院院士，中国工程院外籍院士，现任美国密歇根大学工程实践教授，工程创新公司 One Water Solutions 的总裁兼创始人。格伦·戴格尔是国际公认的市政和工业系统污水处理和水质管理方面的专家，著有或合著200多篇技术论文，4本专著和若干本技术手册。曾任克莱姆森大学环境系统工程系教授和主任、国际水协会主席，还担任过国际水环境联盟、美国环境工程师协会和水环境研究基金会的高级职务。

Glen DAIGGER, US NAE Member, Chinese Academy of Engineering Foreign Member, Professor of Engineering Practice at the University of Michigan, and President and Founder of One Water Solutions, an engineering and innovation firm. Over his career Glen DAIGGER has become an internationally recognized expert in wastewater treatment and water quality management for municipal and industrial systems, with particular expertise in biological processes. He is widely published and is author or co-author of more than 200 technical papers, four books, and several technical manuals. Prof. DAIGGER is a former Professor and Chair of Environmental Systems Engineering at Clemson University. He was former President of International Water Association, he has also served in senior roles for the Water Environment Federation, the American Academy of Environmental Engineers, and the Water Environment Research Foundation.

21世纪水生态面临的挑战和工程师的职业发展

格伦·戴格尔

本次论坛的主题是多个议题的结合，对于人类来说是非常重要的议题。第一个是关于我们人类赖以生存的水环境以及水生态。水对于生命是至关重要的，也有特别高的质量要求，进而才能够满足我们的使用需求。另外就是在自然方面的标准，对于人类的生存也是至关重要的。为了达成这些目标，工程师们发挥着举足轻重的作用。在接下来的时间，我会跟大家去设定一些相关的框架，了解其中涉及的挑战，从整体视角跟大家分享水环境以及相关的知识和技能。通过这些知识和技能，工程师可以更好地应对挑战。跟大家传递一个特别重要的信息，工程师不仅需要有非常卓越的技能，而且需要具备更广泛的知识。无论我们身处何种文化之中，都需要进行互动，需要与个人、与社会进行互动，帮助推动这方面的改革。这不仅仅是我们在管理水方面所做出的具体工作，同时也包括怎样管理人和满足不同人群的需求。

首先跟大家介绍一下这方面的挑战。这个议题是关于城镇的水问题，实际上就是人们对于水的使用，主要集中在城区。城区不仅仅是大城市，也包括人们所居住的其他一些地方。所以，并不是说要弱化在自然环境中的一些工作。在我讲这个议题的时候，通常都会说作为水资源管理的专业人士，需要做三件事情。

第一件是改变水资源管理，避免水资源紧张。全球范围内，对水资源的管理并不理想，我们需要在根本层面上改变对水资源的管理方式。管理方式的名字不尽相同，很多地方叫作“One Water”，中国称之为“海绵城市”。近些年，我们结合自然系统，将其应用在所在居住区的广泛基础设施和体系中。体系的重要性是将这些组合有效地结合起来，这对于我们工程师来讲是一个挑战。

第二件是更多地关注资源利用率“资源回收”“循环经济”。我们不仅需要管理水资源，还要更好地收集水循环过程当中的资源，令其通过循环的方式参与到更好的循环经济中。我们只有一个地球家园，不论从道德角度还是从务实角度考虑都应该高效地使用资源。水不仅仅影响到水本身，也涉及其他方方面面。资源的过度使用会对各个方面造成巨大影响，比如会影响材料和大宗商品价格波动等。以废水分离为例，我们不仅要收集废水，而且需要分别收集雨水、黄水、灰水。灰水的污染最小，所以比较容易得到循环恢复。而黄水则属于厨余垃圾和废水所致。废水处理系统需要满足不同地方的需求，应用不同的工具和知识，进行废水的集中化或者非集中化处理。

第三件是将人权延伸到水和卫生设施，并惠及所有人。很多发达国家认为水权利、卫生权利是发展中国家的事，不是发达国家的事，这是不对的。美国在水权利和水卫生方面做得也不是非常充分。在全世界范围，若想把水权利的问题解决好还需要做很多的事。全球水协会将水看作一项人权，如何做才能实现水权利？需要有充足的水量，还有可获得性、安全性、可支付性、平等性等，才能实现水权利。我们需要共同合作。

这三点非常重要，组成了一个框架，这也是我们未来的话题。另外，我经常自问一些问题，作为实践工程师需要具有哪些知识和技能，我将其归纳为五类：第一，作为工程师需要考虑基础科学和基础工程学。第二，经验知识非常重要，非常实用。需要什么设备、什么方法，要根据不同国家具体考虑进行量身定做。第三，需要社会科学知识。我花了十年时间在大学中获得了本科、硕士和博士学位。在这个过程当中，我学习社会科学知识，这点很重要。第四，人际交往技能。在现实世界中，如何与人沟通互动、合作完成目标，需要沟通技能，也需要有团队工作的能力。如果建设团队，则需要有管理技能，这是基本的技能。第五，情商。利用生活常识瞄准问题、找出问题，并且知道如何解决问题。情商可以在工作中获得，在现实工作中当面临现实世界的场景时，能够增长情商。因此，在工程师教育方面，不仅要强调正规教育，还应非常重视在实际工作中的学习。

工程师的职业发展实际上是一个终身的过程，一些学习可以在大学中学到，教师可以帮助学习物理、化学、生物等；对于毕业生而言，他的第一个或者第二个职业，对他们的职业发展至关重要。工作不仅仅是为了赚钱，作为一个应用型的工程师，能否找到工作单位，同事能否把经验传授给你，这些都很重要。我经常告诉学生，在寻求第一份或者第二份工作的时候，需要重视学习的机会和获得多样化工作经验的机会。当然，领导也非常重要，这是实现一个工程师真正转变的条件。领导要有可信度，这样才能成为好的领导。可信度高的人有四个特征，分别是诚实、前瞻性、激励性、能力强。

总而言之，我希望大家持续成长，帮助工科学生和工程师获得技术知识，让他们参与技术和社会双方面的活动，并支持他们走上终身学习的道路。谢谢大家！

秦晓培

丹纳赫集团水平台副总裁兼哈希总经理

QIN Xiaopei

Vice President, Danaher Water Quality & GM, Hach China

秦晓培，哈希中国区总经理兼全球副总裁。哈希公司隶属于福布斯500强丹纳赫集团，是在水质分析行业深耕70余年的跨国科技公司，并在进入中国市场的近20年间，积极为中国环保事业贡献力量。在加入哈希之前，曾经任职于多家跨国科技企业如阿尔卡特、诺基亚、康宁、泰科电子，见证中国多个行业的发展历程。时逢我国改革开放后经济蓬勃发展，作为第一批跨国企业在中国的职业经理人，他以丰富的外企管理经验和对中国市场的透彻了解，引领哈希中国的发展之路。他毕业于复旦大学，并具有中欧工商管理学院 EMBA 学位。

QIN Xiaopei, Vile President and General Manager of Hach China. As a member of Danaher Corporation (ranked in Fortune Global 500) , Hach is a transnational technology company that has been deeply specialized in the water quality analysis industry for more than 70 years. It has actively participated in and contributed to the environmental protection cause of China for nearly two decades since its entrance into the Chinese market. Prior to joining Hach, Mr. QIN served for many transnational technology enterprises such as Alcatel, Nokia, Corning and TE Connectivity, witnessing the development course of multiple industries in China. In pace of the booming economic development of China after the reform and opening up, as the first batch of professional managers working for multinational enterprises in China, Mr. QIN is leading the development path of Hach China with rich management experience in foreign enterprises as well as thorough understanding of the Chinese market. Mr. QIN graduated from Fudan University, and also holds an EMBA degree from CEIBS.

打造跨界人才培养高地，为绿色可持续发展战略蓄能

秦晓培

尊敬的各位领导、各位老师、同学们，晚上好！我来自哈希公司，我的报告题目是“打造跨界人才培养高地，为绿色可持续发展战略蓄能”。如何培养新时代需要的全能型人才，对我们企业有什么期望，同时我们为这些人才的继续发展做些什么，这是我今天想要和大家分享的内容。

在中国，山水林田湖草是生命的共同体，已经成为中国环境治理保护的系统思想，成为中国推进绿色发展和美丽中国建设的理论基础和行动指南。中国环境保护的重点，从早期的以点源污染治理减排转变到以环境改善为导向的环境综合治理修复。以水生态治理保护为例，以前传统单一的给水排水、环境工程学科技术，其实已经不足以满足我们现在的市场需求。多学科技术的跨界融合，提供完整的技术支撑是必然的趋势，同时系统性的治理保护也需要更科学的精细化管理。如何利用现代化的互联网、物联网、大数据和人工智能技术，对山水林田湖草等进行系统性的治理保护，进行智慧的精细化管理，同样是大势所趋。我们认为中国智慧的、绿色的生态环境综合治理修复和保护，是今后非常明确的发展方向。

当技术和设备具备了基本的成熟度以后，根据环境领域中不同的应用场景，则需要对技术和具体应用条件都有足够经验的企业为客户提供各种应用下的解决方案，这个过程可能涉及很多技术，包括工程技术、通信技术、自动化技术、机器人技术、AI技术等。当提供的这些方案开始为环境管理者提供数据的时候，环境监测网络模式相比之前已经发生了很大的变化，一些数据来源也从较为单一环境实验室的分析和现场在线分析数据，变成了现在的一些气象遥感、卫星数据、非标快速网格化的数据、水利数据、模型推演数据等综合数据有机结合，监测目标也是从水、大气、土壤、海洋、生物、生态等各个领域展开，所以对人才需求也越来越多样化。

从企业的角度来说，除了看到技术发展的趋势，可能会影响到某些产品，但这就

需要一些硬件的技术。技术最前端需要技术专尖的科研人才，比如一些新型的传感器，包括化学、声学、光学、生物、生物基因片段、微生物、细菌病毒及抗原抗体等，一些精密剂量系统、新材料，这些关键技术的创新等都需要这样的人才。我们也需要一些熟悉整个产业痛点、投资人专业的指导和一些具备丰富产业生产工程技术人员相配合，才可以把不同的元器件整合成为具备商业化生产的设备和系统。

前面说的是硬件部分，从软件部分包括硬件层面来讲，设备和技术具备了一定的成熟度以后，根据环境中各种不同的应用场景，就需要对技术和具体应用条件都有足够经验的企业，为客户提供解决方案。这之中可能涉及很多技术，有工程技术、通信技术、自动化技术、机器人技术、AI 技术等。当这些方案为环境管理者提供数据以后，则需要对这些数据进行专业化的判别，包括剔除一些误报的数据、设备异常的数据，将符合质量要求的真实数据上传到云端。各个不同的职能部门可能会根据自身工作的需要，对这些数据进行梳理、归类、建模和修正。这些数据能够帮助主管部门做出很多的管理决策。

总之，我们需要人才具有多元化的工程技术背景。只有这些多元化才能让我们更好地在行业内开发和应用好水质分析仪表，比如前面提到智慧水务业务工程师。传统水质仪表是处于感知层。但是，随着智慧水务概念推出以后，我们需要把大量的数据跨区域、跨城市互联起来，传递到该去的地方，这就涉及很多通信方面的工程能力。因此，一些通信工程师也会参与到业务过程中，包括业内比较活跃的 IT 公司，它们也在进入环保行业。再到应用层的时候，需要通过汇总大数据进行数据挖掘和建模，尤其是通过现在飞速发展的人工智能建模，可以在不同层面为生产运营管理者提供及时丰富的生产运行信息，为辅助分析这个决策奠定良好的基础，从而为规范管理、节能降耗、减员增效和节能化管理提供很好的技术支持，包括形成完善的城市水处理信息化综合管理的解决方案。

我们认为中国的环保行业是东风再起，行业创新已经进入了一个发展黄金期，技术与产品加速迭代和创新，许多创业的项目和企业也是应运而生。所以，我们非常希望高校能够培养出更多具有创新思维、跨学科的复合型高端人才，投身环保事业，为行业注入更多的新鲜血液。产、学、研联动可以加快把科研成果转化为先进生产力，引领行业方向，加速行业发展，未来我们公司也会进一步加大投入，把合作项目扩展到与更多世界环境学科的顶尖大学的交流学习研发中，推动行业进一步的发展。我分享的内容就到这里，谢谢大家。

拉明 · 法努德

多伦多大学应用科学与工学院副院长

Ramin FARNOOD

Vice Dean, Faculty of Applied Science & Engineering, University of Toronto

拉明 · 法努德，多伦多大学应用科学与工学院副院长。主要研究方向包括先进的高效水和废水处理工艺，膜分离、紫外线消毒和高级氧化技术，以去除化学和微生物污染物，实施回收、再利用和海水淡化工艺，以及通过将化学和微生物污染物转化为先进的功能材料、增值绿色产品和燃料，实现废弃生物质的增值。他先后获得谢里夫理工大学化学工程学士学位（1987年）和硕士学位（1990年），并获得多伦多大学博士学位（1995年）。

Ramin FARNOOD, Vice Dean of Faculty of Applied Science & Engineering, University of Toronto. Professor FARNOOD's research interests include advanced high-rate processes for water and wastewater treatment, including membrane separation, ultraviolet disinfection, and advanced oxidation, to remove chemical and microbial pollutants for recycling, reuse applications and desalination processes, as well as valorization of waste biomass by conversion to advanced functional materials, value-added green products, and fuel. Professor Ramin Farnood obtained his BASc (1987) and MASc (1990) degrees in Chemical Engineering from Sharif University of Technology and his PhD (1995) from the University of Toronto.

多伦多大学的环境工程教育

拉明·法努德

近些年，我一直和ICEE保持联系，才有今天和大家交流的机会。多伦多紧邻安大略湖，人口占加拿大总人口的15%，GDP占加拿大的20%。我们称之为大多伦多地区，其经济影响力、人口密度都受到环境的挑战。当然，多伦多大学也是这样。

多伦多大学建于1927年，是一个研究型大学，学科几乎涵盖了所有主要领域。学校拥有3个校区，9万余名学生，2万余名教职员工。多伦多大学工程学院有5270名学生。在全球范围内有5万名校友，分布于全球100余个国家。多伦多大学工程学院下面有多个科系，包括生物医学、生物材料研究所、工程学系，以及多学科工程教育。同时，我们也很重视线上教育，这是新时代工程教育的转变。这种转变从两年前开始，现在很多员工都很擅长线上工程教育。

本报告我将谈及三个切入点。第一个切入点，核心班。不管学生属于核心班的哪个学科，都可以进入到工程学院进行学习。第二个切入点，本科二到四年级选择核心班项目。我们提供强度很大的课程，安排八种不同专业，学生必须在三年级选择专业，包括电气、医学系统、工程数学、工程财务、工程机器人等。第三个切入点，能力证书教育和实习教育。我们给学生提供专业实习的机会，一般是6个月。很多实习机会都是院系和企业开展的合作，包括国际合作，学生甚至可以选择到其他国家去实习。证书教育和实习教育是给学生的一项选择，可以帮助他们了解一些具体行业领域。

研究生可以参与研究项目、职业项目、合作项目，包括环境研究、可持续航空学、航空学与全球化、能源可持续发展等。在讲环境教育之前，我给大家简单介绍一下多伦多大学教育环境的背景。刚才几位发言人强调环境教育的跨学科发展与社会学和经济学相关，与可持续发展相关，尤其是和联合国可持续发展目标相关，强调与社区和人的互动。由此可见，环境学具有延伸性。我们希望学生接触广泛的学科，选择不同的辅修以及证书类活动，不应仅仅局限于应用科学工程，还应包括环境和艺术学科等。学生可以参加其他校区的课程，去接触不同的类型和不同方面的环境教育。

工程类研究生有机会参与类似的协作。比如化学专业、工程专业的学生就有机会参与环境专业的课程学习。在工程教学中涉及先进技术，包括化学工程、应用化学、土木及矿产工程、材料科学、工程学，这些学科的学生都可以接触这方面的学习。多伦多大学的环境教育是有学科交叉的，这样做能够很好地协调、推进教学任务。环境学院本身就是一个跨学科的部门，在环境科学领域中能够把不同的环境科学和研究集合在一起，相当于给本科课程提供了非常核心的环境科学和研究的内容。

接下来我和大家分享一下我们2017年正式推出的“Our Campus as a Living Lab”项目。我们的目标是想通过这样跨学科的项目去达成可持续发展的目标。我们希望能够创建出一些路径，让学生在多伦多大学有机会参与到该项目的学习中。这就要求不同院系之间紧密合作，要求教职员工和管理人员紧密合作，要求校区之间紧密合作去支撑项目的实施。

最后我也特别想提到，由物理和环境科学专业共同推出的环境联合学位项目。多伦多大学士嘉堡分校（UTSC）有多位同事参与其中。课程设置为工程以及其他方面在内的一些课程，包括物理与环境科学课程和工程课程。这些课程既有主修也有辅修课程，具体包括环境地理学、生物学等。学习本课程的学生受益颇深，结业后将会获得加拿大职业证书或者硕士证书。这个证书是对环境科学方面的主修课程和专业性的认证，是国家承认的证书项目。

刚刚我提到其他一些正式的合作和联合的项目。物理专业和环境科学专业的注册学生，可以在第三学年考虑进入到工程学的硕士项目中。更明确地说，是学生可以加入到化学工程、应用化学、土木和矿产的工程学硕士项目中，相当于本科生课程可以衔接研究生课程。还有一些非工程学生，如果对环境或者工程学感兴趣，也可以注册登记学习。环境科学是工程学中不可或缺的一环。现阶段，已经有越来越多的跨学科课程涉及环境科学专业。

第二届国际工程教育论坛

The 2nd International Forum on Engineering Education

2020年12月2-4日 Dec. 2-4，2020

分组论坛A2

Panel A2

气候变化与蓝天行动

Climate Change and Blue Sky Action

December 3, 2020 CST 20:00-23:00

承办单位

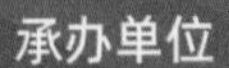

清華大学环境学院

School of Environment, Tsinghua University

Organizer

School of Environment, Tsinghua University

分论坛介绍

气候变化和生态文明一直是世界几乎所有国家可持续发展的根本性问题。$PM_{2.5}$和臭氧造成的温室气体排放和空气污染已经成为全球面临的最大挑战之一。中国政府于2018年启动“蓝天”行动计划，明确要求在降低温室气体排放的同时，大幅度减少主要污染物的排放总量，迄今已经取得了显著成效。世界各国的科学家和工程师正在积极应对气候变化，推动建设一个拥有蓝天、绿地和清洁水的美丽地球。

我们诚挚地邀请您参加2020年IFEE大会“气候变化与蓝天行动”分论坛，聆听知名学者具有真知灼见的演讲，探讨如何发挥环境工程教育在可持续发展中的重要作用！

Panel Introduction

Climate change and ecological civilization has been a fundamental issue for sustainable development of nearly all the countries in the world. Greenhouse gas emissions and air pollution caused by $PM_{2.5}$ and ozone are big global challenges. The “Blue Sky” Action Plan launched in 2018 by Chinese government, which calls explicitly for large reductions in total emissions of major pollutants in coordination with reduction in emissions of greenhouse gases, has made remarkable progresses and changes. Scientists and engineers in the world are actively responding to climate change and promote the development of a beautiful earth with blue sky, green land, and clean water.

We sincerely invite you to Panel “Climate Change and Blue Sky Action” of IFEE 2020, listening to the enlightening presentations by distinguished scholars and discussing how to give the play to the important role of Environmental Engineering Education in sustainable development!

分论坛主持

主持人 Chair

王 灿
清华大学环境规划与管理系主任
WANG Can
Chair, Department of Environmental Planning and Management, School of Environment, Tsinghua University

王灿，清华大学环境学院教授，环境规划与管理系主任。主要从事气候变化经济学与政策、环境—能源—经济系统分析、技术与政策的综合影响评估等方面的研究工作。是第4次国家气候变化评估报告领衔作者、第6次 IPCC 评估报告评审编辑，*One Earth*、*ICE-Energy* 等学术期刊编委，曾任联合国气候变化框架公约技术转让专家组等多个委员会成员。

WANG Can, Chair of the Department of Environmental Planning and Management, School of Environment, Tsinghua University. His research areas cover the climate change economics and policy, environment-energy-economy systems analysis, integrated impacts assessment of technology and policy. He is Lead Author of the 4th National Climate Change Assessment Report of China, Review Editor of the 6th IPCC Assessment Report, and editor of international journals including *One Earth*, *ICE-Energy*, etc. He also served as board member of several advisory bodies within the UNFCCC.

阿拉·阿诗玛韦

国际工程教育学会联盟（IFEES）主席、全球工学院院长理事会（GEDC）执行委员

Alaa ASHMAWY

President, the International Federation of Engineering Education Societies; Member, the Executive Committee of the Global Engineering Deans Council

阿拉·阿诗玛韦，国际工程教育学会联盟（IFEES）主席、全球工学院院长理事会（GEDC）执行委员。作为工程教育工作者、教授和顾问，其经验遍及美国、埃及和阿联酋，现任美国工程与技术认证委员会（ABET）首席执行官的特别顾问，负责该全球认证机构在中东地区和非洲北部业务。曾任迪拜美国大学（AUD）工程学院院长，并在该学院担任土木工程学教授。荣获2020年IEOM国际学会“杰出教育工作者奖”、IEEE（电气和电子工程师协会）教育学会“EDUCON卓越服务奖”。

Alaa ASHMAWY, President of the International Federation of Engineering Education Societies (IFEES) , Member of the Executive Committee of the Global Engineering Deans Council (GEDC) . As an engineering educator, professor, and consultant whose experience spans the US, Egypt, and the UAE, he now serves as Special Advisor to ABET's CEO, representing the global accrediting agency in the Middle East and North Africa. Prior to joining ABET in 2020, he was Dean of the School of Engineering at the American University in Dubai (AUD) , where he also served as Professor of Civil Engineering. He is the recipient of the 2020 IEOM Society International's Distinguished Educator Award, and IEEE Education Society's EDUCON Meritorious Service Award.

全球气候挑战下工程教育应该何去何从

阿拉·阿诗玛韦

首先简单介绍气候变化和全球变暖的当前趋势。2020年是历史上最热的三年之一，在全球很多地方都导致了一定的危机，如美国西部和澳大利亚的森林火灾，全球范围的植被减少，还有空气污染，等等。今年澳大利亚的森林火灾就有一定的气候因素，气候湿润的澳大利亚西部和南部地区今年的降水量创历史新低，而相对干旱的澳大利亚中部沙漠地区降水量越来越多。类似的反常气候与极端气候事件在印度尼西亚和马来西亚也时有发生。格陵兰岛的温度在2020年5月份的时候达到了历史的新高，导致了大规模的冰层融化。更重要的是，无论是在美国、加拿大，包括在喜马拉雅地区，我们也都能观察到极端的气候和温度出现，这都是历史上前所未有的。这种极端气候事件发生频率的增加，代表了一种非常危险的趋势。

此外，全球的碳排放量从20世纪90年代开始一直在增长，达到历史最高水平，然后2020年又达到新高。我们如果不采取行动的话，这个趋势还会更进一步。如果没有新冠肺炎疫情，我们预估碳排放在2050年可能会达到一个峰值，那么之后会逐渐下降，较差的情况是全球碳排放在2050年以后仍然会逐渐上升，最好的情况就是2030年会达到峰值。在这之前，我们的政府要致力于去减排，只有这样做，我们才有望达到最好的结果，才能降低二氧化碳的排放。我们的气候行动目标是将2100年的温度上升控制在2度或者是1.5度以下。我们从今天就开始行动的话，那么我们有望让升温低于1度。

在全球性的气候挑战之下，我们的工程教育应该何去何从，我们应该怎样去帮助解决气候挑战？这也是我所说的，我们要在这样的气候变化的背景下，去推出情景式工程教育。什么是情景式教育？就是把可持续性发展、把联合国的可持续发展目标以及气候变化通过意识和行动融入到工程教育的课程当中。今天我想要跟大家简要地介绍一下我们的三项倡议，包括和平工程、情景式项目学习、远程在线虚拟交流项目。这也是我所积极参与的三项倡议和行动，是与工程背景息息相关的三项行动。我们在这三项行动当中，把可持续发展和应对气候变化都紧密地融入到了课程当中。

和平工程是一项行动，主要是专注于基于和平、人类的福祉和安全进行的工程教育。我们的工程教育的目标是希望可以让全人类共同地实现可持续发展的目标，并且确保我们可以有效和公平地去使用资源。在这个过程当中，我们可以通过工程教育共同帮助实现联合国可持续发展目标（SDG）。

在GEDC 2018年的会议上我们首次召开了世界首届和平工程会议，专门讨论了和平工程。在此基础之上，在墨西哥大学、斯坦福大学，还有其他大学和企业的合作下共同组成了一个联盟。我们主要的目标就是希望可以把跨学科的原则融入到整个设计的过程和流程当中。在课程设计上，面向新一代的学生，让他们在设计产品和系统的过程当中，不仅充分地考虑工程学的内容和因素，还要考虑到人类整体的利益，如气候变化、贫困，还有安全的问题，等等。我们现在面临很多SDG挑战，无论是水资源的稀缺，还是安全的问题等，都是非常大规模的系统性问题，需要跨学科的合作。

此外，和平创新机构也是这个行动项目非常重要的一方。和平创新机构由斯坦福大学的和平创新中心与海格市一起在2018年建立，其目的主要是能够推动行为设计技术创新和商业交融的发展。希望工程学的学生在学习过程中，不仅能够考虑工程的内容，还有对人道主义的考虑。他们需要不断去提高技术和创新的水平来寻求可持续发展问题的技术解决方案，并且要确保我们的这个商业模式是可行的。我们可以使用一些指标，如气候变化、全球变暖等，去评估设计的可行性，还有它的效益。此外，也需要去了解在当地社区发展的状况，我们要确保和平是可以不断地持续和繁荣下去的，让每一个人都可以平等地获得资源，而且可以共同去推动整个社区福祉的发展。

和平项目也是和平工程行动的重要组成部分之一，是墨西哥大学积极参与的一个项目，其目的是希望通过手机等虚拟方式来帮助无法获得基本医疗服务的人获取医疗资源。这个项目已经有10多年的历史，目前在40个国家有400个枢纽，在150多个国家与其他的组织有密切的合作，在欧洲、非洲、南美洲、北美洲等都有相应的项目。他们希望可以创建一个健康的环境，安全的环境。以安妮特教授带领的饮用水安全项目为例，她带领学生确保缺乏安全饮用水地区的人能够获得安全饮用水。项目设立20年，是非洲的一个城市项目，为大概900多个村庄的60万居民提供安全饮用水。

我想给大家介绍的第二类基于背景的工程教育就是一个很大的融入了可持续发展理念的情景式项目学习。这是在19个国家开展的关于太阳能发展的竞赛，希望参赛者可以在三周之内建立一个利用太阳能的小房间。比赛要求参赛者不仅能够通过太阳能发电，还要把可持续发展理念纳入到设计当中，要考虑废水的处理、空气质量和宜居性等因素。

作为高等设计课程的一部分，2018年一共有6家公司参与，还有来自亚洲、欧洲、美国的工程技术专业的学生的参与。这些学生基于可持续材料建造了一个功能齐全的房屋，在这个过程中，他们深入地思考了房屋的能源消费和发电模式。房屋完全运转时不同时间段内不同电器的用电需求，包括洗衣机、洗碗机和空调等，都能够通过太阳能电池板发电满足。在整个竞赛过程中，即便是在太阳能发电最差的11月和12月，检测器数据也显示我们太阳能板产出的能源超出了我们消费的需求。在这个情景下，学生可以学到，现有的可再生能源技术能产生的电力远远超过一个小房子的需求。有效的太阳能板就能够满足能源的需求，除此之外我们还有一些储能的设备，所以价格、成本也是越来越低的，人们都是买得起的。在整个竞赛过程中，学生花一整个夏天的时间可以学到很多东西。通过这样的实践他们有了具体的实地经验，除此之外，还有一些视频的交流。

我们还有基于视频的远程交流项目。例如利用 ZOOM 等在线会议平台让学生一起讨论。学生可以在不同的情景下分享技术和文化，培养全球视野。除此之外，它能够让不同地区的有着不同文化、不同生态环境、不同经济背景和社会经历的学生聚在一起，了解其他的国家发生了什么，以及在世界的另一端他们有什么样的经历和体会。

我们相信，通过跨学科的理论应用，充分考虑了公共健康和福祉，全球文化、社会环境和经济的因素的项目设计，以及充分的跨文化交流，能够培养学生在面对气候变化与可持续发展挑战时解决问题的工程能力。这样培养出来的学生，他们能够充分考虑方方面面的因素，我们相信这是我们去应对气候变化，以及实现可持续发展目标的一个最基本的条件。

郝吉明
清华大学环境学院教授，中国工程院院士，美国工程院外籍院士
HAO Jiming
Professor at School of Environment, Tsinghua University;
Member of CAE; Foreign Member of US NAE

郝吉明，清华大学教授，中国工程院院士。主要研究领域为能源与环境、大气污染控制工程。主持划定全国酸雨和二氧化硫控制区，建立“车—油—路”一体化的机动车综合控制体系，构建大气复合污染“科学认知 - 准确溯源 - 高效治理”的技术体系，参与或负责的多项重大咨询研究成果为京津冀、长三角区域空气质量改善发挥重要指导作用。获国家级科技奖励5项、国家级教学成果一等奖2项，获国家级教学名师荣誉称号。

HAO Jiming，professor at School of Environment of Tsinghua University, Member of Chinese Academy of Engineering. His major research interests are energy and the environment, and air pollution control. Prof. HAO led the designation of China's Acid Rain Control Area and SO_2 Emission Control Area, developed the “Vehicle-Fuel-Road” control strategies and narrowed the gap in vehicle emission control between China and international level. He also developed “Scientific understanding-Precise source apportionment-Highly effective control” technology framework of combined air pollution, leading the development and implementation of theories, strategies and measures in air pollution control in China. He completed major consulting researches which presented important references for air quality improvement in Beijing-Tianjin-Hebei and Yangtze River Delta regions. Prof. HAO has won several national awards in the past decades, including five national scientific and technological rewards, two first prizes on the national teaching achievements, and national teaching masters award.

中国防治空气污染与应对气候变化的协同行动

郝吉明

我讲的内容是关于工程教育如何树立系统性、协同性的观念来处理人类面临的挑战。我将通过中国的空气污染防治与应对气候变化行动的协同性来说明工程教育对工程学生培养的基本素质要求。

中国经济的快速发展和城镇化推动了我国能源消费总量的快速上升，特别是煤炭是中国最主要的一次能源，在2018年以前长期占比超过60%，所以中国面临着空气污染和气候污染的双重挑战。中国解决大气污染方面的努力，已经取得了比较好的成效，到2017年全国二氧化硫的排放量下降到1000万吨以下，城市二氧化硫的浓度超标问题基本解决。中国空气污染的控制措施，从单个源进行控制，后来发展到对多种源控制，最后是区域上控制；以污染物排放的总量作为考核目标，到现在把环境空气质量的改善作为最大的关注，这是政策在变化。在2013年落实中国政府颁布的控制大气污染的十条政策以后，在中国不少的区域，空气质量都明显改善，特别是$PM_{2.5}$的浓度有了显著的下降。尤其是京津冀、长三角和珠三角地区，浓度分别下降了30%以上，北京的浓度降到了每立方米58微克。总体来看，浓度下降，重污染的天数在减少，进步显著。2018年中国又颁布了打赢蓝天保卫战的三年行动计划，这个行动计划仍然是以改善空气质量为主，重点区域是京津冀，重点行业包括工业、交通运输业、燃煤业，重点时段是秋冬季和初春季节。蓝天保卫战计划中的一条要求，要协同控制大气污染与温室气体。因为温室气体和大气污染物的排放是属于同根同源的，减少温室气体排放政策对空气质量改善的正向效应显著，防治空气污染的一些政策措施对气候变化的正向协同效应也是明显的。

中国的空气污染的治理进程，不但改善了空气质量，也有助于温室气体的减排。一个典型的行业就是机动车控制。过去20年中国经历了快速的机动化的进程，目前汽车保有量与美国和欧洲相当，中国不断地推进车油路一体化的污染控制进程，排放标准也做到了基本与国际接轨，甚至有的条款比国际上其他一般国家还要严格。实行严格的新车标准，是遏制排放上升的最关键的措施。控制措施对氮氧化物的减排效果非常明显，2005年到2015年这10年，在机动车保有量快速增长的情况下，氮氧化物的增长还是在一个比较小的幅度，2015年机动车氮氧化物消减量达到60%，挥发性有机物和颗粒物等其他污染物的消减量超过了80%。中国已成为全球新能源汽车产销的第一大国，2017年到2019年中国新能源车的销售量占据全球新能源车市场的半壁江山，我们的研究首次评估了到2030年中国新能源汽车对空气质量和人体健康的影响。结果发现，到2030年新能源化的推动能够降低早死人数1.7万人，37%集中在交通和人口稠密的三大区域，近期电动汽车推广的健康改善货币化效益远高于温室气体减排的货币化效益，改善空气质量成为低碳交通发展的重要推动因素，大城市应制定更加积极的新能源车发展策略。

中国提出了2035年美丽中国战略，这个战略对空气质量达标的要求会大幅度地推进低碳能源政策的实施，而带来的温室气体的减排量远高于《巴黎协定》框架下中国国家自主贡献的二氧化碳减排目标，这有利于推动我国实现2060碳中和的目标。我们的研究建立了大气污染和气候变化综合的评价模式，通过气候变化的模式GCAM，然后把应对气候变化导致的空气污染物的减排和温室气体的减排，结果输入到ABaCAS系统当中，来计算空气质量改善的状况，计算对人体健康的影响的损失减少情况，以做健康方面和费用方面的评价。这里设了三个主要情景，一个情景是作为参考情景，这个参考情景是利用能源情景满足国家自主贡献的要求，末端控制的情形用的是现有控制力度；第二个情景是严格控制的情景，能源情景没变，还是满足国家自主贡献要求，末端控制的情景采用了最大可行的减排，在这种情景下的空气质量改善实际上仍然不能达标；只有在第三个能源情景下，既考虑能源结构的调整，也考虑在能耗总量控制的情况下，末端控制情景也实行最大可控、可行的减排，才能使空气质量达标，说明推动气候变化的行动对改善空气质量的至关重要性。这里比较了不同方案情况下，各种污染物的减排力度和排放状况。在常规的情景下，末端控制的大气污染物减排效果有限，考虑能源结构和能源消耗总量这类能源情景下的减排效果之间还有比较显著的差异。如果仅考虑常规的情景目标，是无法实现大气$PM_{2.5}$浓度达标的，基于2015年的情况，到2035年，即使在能源情景加末端最可行的、最大限度地减排，到2035年空气质量还是不能够完全达标。如果是考虑了能源结构调整和能源消费总量双控制，再加上末端的最大限度地减排，到2035年空气质量会有显著的改善。要想空气质量达标，必须把气候变化和空气质量协同考虑纳入一个整体，更加严格的低碳能源结构才可实现空气质量目标。把空气质量改善的情况和能源结构、能源消费总量情景做对比，就可以看出环境质量改善和低碳能源政策的效果，可以使中国每年减少约17.8万例过早死亡，严格的低碳能源政策带来的人体健康效益高于相关的成本。

习近平总书记2020年9月22日在联合国一般辩论上的讲话中表示，中国将提高国家自主贡献力度，采取更加有力的政策和措施，二氧化碳排放力争于2030年前达到峰值，努力争取2060年前实现碳中和，中国的这个决定得到了世界各方面的支持，认为这是非常有效的措施，和平与安全、发展与人权三大支柱的方向是一致的，中国的承诺是在减排方面的重大转变，也是国际合作在气候变化方面迈出的重要一步。中国把降低碳排放认为是源头治理的关键，因为从2021年开始是第二个百年奋斗目标的起步五年，美丽中国起航奠基的关键时期，开启力争实现碳中和愿景的新阶段，特别是在2020年11月15日到17日，生态环境部的党组组织理论学习的时候，特别提出了生态环境部将突出以降碳为源头治理的关键，编制“十四五”应对气候变化专项规划，以2030年前二氧化碳排放达到峰值为目标，倒逼能源结构绿色低碳、能源转型的生态环境质量协同的改善。

实现碳中和目标的挑战对中国来说是严峻的，欧美已经实现了经济发展与碳排放脱钩，中国正处于经济上升期和排放达峰期，我国碳达峰到碳中和的时间远短于美国和欧洲，欧洲从碳达峰到碳中和大概有70年的过程，美国的碳达峰到碳中和之间也有40多年的时间，中国从碳达峰到碳中和只有30年的时间，在这么短的时间里达到碳中和是非常严峻的挑战。中国的学者曾经在1.5度目标导向下，对我国的二氧化碳净排放情景的一次能源消费与结构进行了预测。从这里来看，到2050年，总能源消费要控制在50亿吨标准煤，非化石能源的占比要超过85%，煤炭的比例将在5%以下。总的来说，要实现碳中和，必须实现一次能源结构非化石化，能源综合利用的高效化。通过能源政策，也可以推动实现$PM_{2.5}$和臭氧协同控制的目标。从中国来看，要控制$PM_{2.5}$和协同控制臭氧也是非常紧迫的一个任务，这在全国范围内都一样，从$PM_{2.5}$的浓度来说，平均浓度比美国高几倍，比欧洲也高两倍多，所以中国是面临着应对气候变化和改善空气质量的双重压力，双重压力也正好需要两种矛盾协同起来往前推进，往前解决。中国探索发展低碳的非化石能源，也可以有利于“一带一路”的绿色低碳发展，开发太阳能对于推进“一带一路”沿线国家的绿色发展具有巨大的市场价值、行业价值和低碳价值。根据清华大学团队计算的一个结果，中长期的气候目标对大气污染物的减排的影响还是巨大的。强化气候目标，实现向世界卫生组织各个阶段过渡，最终达到世界卫生组织规定的指导值，气候政策和电力结构的清洁化，工业、建筑、交通部门电气化带来较高的协同效应，使空气质量提前达到目标值。

清华大学为了推动全球环境的挑战和合作，推出了全球环境胜任力的学位项目。这个学位项目是2011年从全球国际班的本科项目推动的，然后硕士项目是在2018年起推动的，这个项目的目标是为国家培养国际环境合作领域的高级人才，为政府设计国际环境合作的对外事务部门输送环境管理人才，也培养服务“一带一路”的战略的复合型环境人才，这里的重点领域是四个领域。一是可持续发展领域，二是全球气候变化领域，三是化学品管理领域，四是生物多样性领域。

清华大学的全球环境胜任力学位项目，也是在一个丰富的国际实践交流平台和全球知名大学合作伙伴的支持下来做的，这也显示了清华大学与UNEP签署的合作意向书，在这个项目中跟国际的一批知名大学、国际顶尖机构、国际上的一流企业合作，做到了学、政和企业的共同作用，效果应该是明显的。同学们通过参加这些活动，更具有全球的视野，有系统性、协调性处理问题的能力，也有机会和这些行业的各国的人员交流思想，有利于对全球环境的认识，提高共同应对环境问题能力。谢谢各位专家！

安尼特·科莫斯
丹麦奥尔堡大学UNESCO工程科学与可持续性问题学习中心主任
Anette KOLMOS
Director, Aalborg Centre for Problem-Based Learning in Engineering Science & Sustainability

安尼特·科莫斯，工程教育和问题导向式学习（PBL）教授，丹麦奥尔堡大学UNESCO工程科学与可持续性问题学习中心主任。曾任联合国教科文组织丹麦奥尔堡大学工程教育PBL主席（2007—2014），欧洲工程教育学会（SEFI）主席（2009—2011），SEFI工程教育研究工作组创始主席。2013年荣获IFEES（国际工程教育学会联盟）全球卓越工程教育奖，2015年成为欧洲工程教育学会研究员。主要研究领域包括：性别和技术、问题导向式教学、员工发展等。现任《欧洲工程教育杂志》副主编，曾任《工程教育杂志》（ASEE）副主编。

Anette KOLMOS, Professor in Engineering Education and Problem-Based Learning (PBL) , Director for the UNESCO category 2 Centre: Aalborg Centre for Problem-Based Learning in Engineering Science and Sustainability. She was Chair holder for UNESCO in Problem-Based Learning in Engineering Education, Aalborg University, Denmark (2007–2014) , President of SEFI (European Society for Engineering Education) (2009–2011) , Founding Chair of the SEFI-working group on Engineering Education Research. She was awarded the IFEES Global Award for Excellence in Engineering Education in 2013 and the SEFI fellowship in 2015. Dr. Kolmos' research areas include gender and technology, project-based and problem-based curriculum (PBL) , change from traditional to project organized and problem-based curriculum, development of transferable skills in PBL and project work, and methods for staff development. She is Associate Editor for the *European Journal of Engineering Education* and was Associate Editor for *Journal of Engineering Education* (ASEE) .

工程教育如何应对气候变化带来的挑战

安尼特·科莫斯

非常感谢邀请我来参加今天的活动，和大家一起交流。特别是同清华大学一起交流，我们一起合作了多年。在这个艰难的时期，能够和大家交流是非常难得的。我今天谈的不是气候变化。我们有气候变化的问题，这是毋庸置疑的，那么我着重讲我们能做什么？我们如何从工程教育角度来解决气候变化的问题。

近些年空调越来越多，能源的消耗越来越大，特别是在某些国家，譬如说亚洲国家。空调用了很多的电，也排放很多的碳，这导致了气候变化，温度越来越高，空调越来越多，这是一个恶性循环。我们需要解决这些问题。实际上我们不仅仅从环境的领域、经济的领域、社会的领域，或者是生态的领域来找解决方案，应该有系统化的办法。需要通过这个系统化的办法，从整个体系、整个社会、各种组成的元素入手，来确保我们对社会不会带来更多的压力和破坏。我们要从一个系统的角度看，比如现在有一种趋势，不仅仅是看某个领域，而是要看很多方面。工业变革、人工智能、物联网以及新的技术层出不穷。有一点是确定的，就是问题越来越复杂。复杂性提高了，社会环境也不一样，这让我们有时候可能会忘掉可持续性和人性化的需求。在日本有这样一个说法，就是我们会忘掉人性的需求。

在工程教育方面我们能做什么，有一些问题已经持续讨论了多年。主要讨论一些可持续发展的项目，到底是应该有一个更加好的方法，还是我们可以用现行的教育项目就能够整合可持续发展。对我们来说，这并不是说二者选其一，而是我们需要了解可持续发展的影响，把能源消耗和相应数据整合在一起。新兴技术或许能产生影响，我们要意识到这些影响，并且把可持续发展和可持续性的思维、循环经济等整合纳入到当前的项目当中。我们还需要思考多学科的、跨学科的方法。我们希望可以把不同学科更好地融合，把可持续发展纳入到学科中。但是，我们也要思考换一种方式去做。和企业合作的时候，我们发现当大学想把可持续发展纳入到学科中时，企业的思维却有不同。企业的思维是想把学科纳入到跨学科的领域中。因此，我们需要解决的是综合性、复杂性的问题。不仅仅需要减少污染，还包括噪音。在房间或者旅途中，经常听到噪声，对注意力和大脑有很大影响。噪声本身就是污染。这些问题都是相互交织、相互连接的。为什么不用一种跨学科的方式解决问题？

一直以来，我们希望能用更好的方法解决废弃物的问题，其实更希望通过优化生产的方式减废。如果一个家庭利用转变生活方式的方法减少废弃物，就可以从社会的角度解决减废的问题。

从研究的角度说，我们到底有哪些已有的认知。从工程学科来说，他们遇到一种挑战的时候，学生完成工程教育进入现实世界中去解决各种问题，就需要增加兴趣。他们可能对问题会有不同程度的认知和兴趣，包括某些缺乏了解、认知和兴趣的问题，和某些有主要意识的问题。通过数据分析，我们可以知道这些设计是否综合考虑。我们收集的数据显示，经过一年半学习后，大部分的学生因为在可持续发展方面有更多学习，会关注现实世界，会与人交流，并开始分析问题。这些都可以提高他们对于问题的意识，他们也会更多地更深入地去分析相应的后果。

在这里我有一个框架可以展示给大家，我觉得这个框架是非常重要的。框架可以涵盖简单的问题、复杂的问题，还有慢性的问题、分类的问题。比如新冠肺炎疫情就是一个非常复杂且紧迫的问题。在教育中，我们需要让学生做好准备去应对一些复杂的环境，尤其是当他们毕业进入到业界工作的时候，更需要做好这方面的准备。因此，学生需要去学习怎样把复杂的问题分解成不同类型的问题，比如简单的问题、分类化的问题等。学生应该知道在整个的过程当中，怎样去解决问题，去寻找解决方案。他们可以把一个复杂的问题分解成为一种基于背景，逐步的、渐进式的解决方案。此外，他们可以去了解系统和学科。我们在培养学生的时候，训练他们用不同的方式解决问题，并帮助他们做好准备。

此外，我想讲一下可持续发展，UNESCO 提出一些可持续发展的目标。在可持续发展的教育目标中，有一系列的学习目标。这些学习目标包括更好地了解系统性的思维，需要在开发技术的时候，把系统和系统之间连接起来。系统性的思维方式是非常重要的，不仅需要具有常识，还需要进行前瞻性的思考。这样他们可以更好地应对不确定性，尤其当一个系统非常庞大的时候，会出现一系列的不确定性和不可知性，所以要求我们考虑到方方面面的关于系统的复杂问题。此外，需要考虑一些不同界的问题。比如从生态角度考虑，人们将会有不同的价值观，对我来说，我会选择购买有机食物。学生需要学会推动协同发展与整合性解决问题的方法这些相对新的内容。现在我们对学生的要求更高，希望学生具有创意，这也是非常重要的学习目标。我们希望他们能够有全局思维、自我意识、自我认知等。

PBL 是“基于问题的学习”项目，我们在很多年前就推出了。它不仅仅是基于一个主题，就一个项目去学习。学生可以通过整合式、结构式的方法解决问题，也可以用一种开放式的结构去解决问题，并且有自由去做自己的决定。因为学生的学习有所差别，因此在课程设计的过程中需要关注差异化。

奥尔堡大学在这方面相对领先，我们已经设计出来不同的教育项目，帮助学生提高解决问题的能力。在经历挑战的时候，我们要教会学生使用不同资源。我们用了 2 × 2 的矩阵来进行评估。一个维度按照网络团队合作程度的高低划分，一个维度按照跨学科程度的高低来划分，如下图所示。

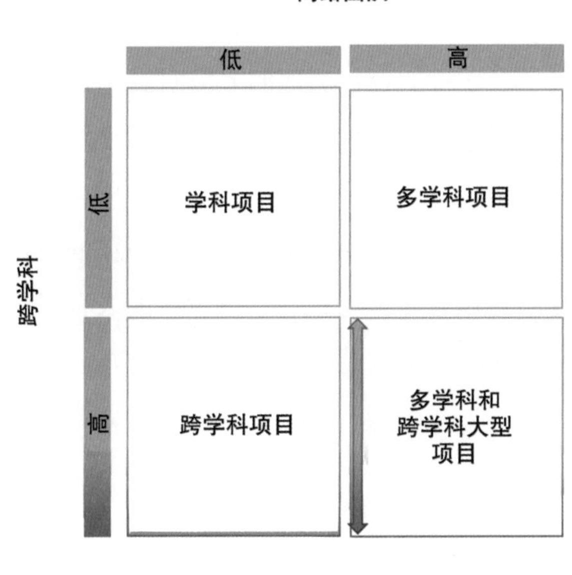

奥尔堡大学教育项目图

在这里和大家分享一个案例，若将系统比作起重机的篮子。当系统吊在起重机上的时候，篮子可能会摇晃，就需要设计一个控制系统去控制减少摇晃。

分享一个多项目案例，学生们共同开发一个帮助孤独症和自闭症的人群的 APP 游戏软件。这是个多团队共同合作的、跨学科的项目，涉及包括媒体技术在内的多个团队。项目是针对适龄儿童设计的学习活动平台，将以游戏的方式展现出来，还要关注软件设计出来后推动特定人群学习的效果。类似这种项目，就需要团队合作完成，不仅要进行项目管理，还需要团队间的协调沟通。

再分享一个关于卫星的跨学科的大项目案例。该项目涉及两个不同团队和奥尔堡大学的学科小组，需要项目成员具有包括控制、系统、材料等学科的背景。首先需要建立团队。先成立项目组和第一个团队，随后成立项目组的第二个团队和第三个团队。第一个团队负责卫星的设计，第二个团队负责组装，第三个团队负责发射。三个团队需要无缝衔接、密切配合，协同完成工作任务。不同的小组完成所负责的工作后必须将工作内容和其他对团队联系起来，推动工作进展。

我们开展其他类型的大项目，包括要怎样去达成UNESCO可持续发展目标。我们将来自不同学科背景的人，比如人文学科、工程学科等的学生组合起来参与其中。学生们将自己的学科知识整合利用，形成跨学科、多学科的项目小组。我们以可持续的居住和生活方式为例提出一个项目，目标是实现简化的可持续生活，设计专门针对废弃物的领域，包括怎样处理家庭废弃物。其中涵盖生物科技、可持续发展等，他们要把这些不同学科融合起来，了解学科间怎样共同实现设计，协同完成物流和废弃物的处理。

相应的聚焦点推动了多学科的合作。他们要应对的不是一个普通的挑战。一些企业尤其是欧洲企业希望有跨学科背景的雇员。在我们的学科和项目中，主要是关注一个学科领域，了解问题和解决问题。而在跨学科当中，可以探究一个流程或者关键学科融合起来的部分或者系统构成的项目。推动合作和写作的时候，需要让学生了解与同一学科背景的人合作相对简单，但与不同学科背景的人合作困难重重。所以，希望学生学会克服合作障碍。我的分享就到这里，谢谢。

李 政

清华大学气候变化与可持续发展研究院常务副院长，清华低碳能源实验室主任

LI Zheng

Executive Vice President, the Institute of Climate Change and Sustainable Development; Director, the Laboratory of Low Carbon Energy, Tsinghua University

李政，清华大学教授，清华大学气候变化与可持续发展研究院常务副院长。长期从事能源系统分析、低碳发展和气候变化政策战略研究，热动力设备及系统数学模型与仿真和火电厂及分布式能源系统的优化与故障诊断技术等方面的研究。目前主持重大专项、重点研发、国际合作及我国长期低碳发展战略等重大项目及课题。发表学术文章390篇，出版学术著作10余部，研究成果获得多项国家及省部级奖。

LI Zheng, Executive Vice President of Institute of Climate Change and Sustainable Development, Tsinghua University. His research interests include energy systems analysis, decarburization development and climate change policy and strategy, performance modeling simulation and optimization of power plants. He also leads several national and international scaled technical and policy programs in the field of energy and climate. He has published 390 academic articles and more than 10 academic books. His research achievements have won a number of national, provincial and ministerial awards.

能源低碳转型与气候变化

李　政

非常高兴能够和大家分享我的一些想法，今天主要是分享一下能源的低碳转型与气候变化。首先介绍气候变化的整体情况，以及国际采取的行动。第一部分总论。能源也是非常大的一个问题，所以我将介绍世界能源的现状与转型的发展。我们在这方面也做了一些研究，希望可以尽量达到碳中和。在最后一部分我会讲怎样将气候变化融入到工程教育当中，会跟大家介绍一下清华大学所做的工作。

大家应该已经注意到气候变化带来了很多极端的气候事件，比如说暴雨、洪水、干旱等灾害。总体来说，气候变化已经改变了气候的类型，并且影响了我们的日常生活。现在我们还处在疫情当中，但不能够忘记气候变化是一个长期的生态危机，而且是个非常严重的危机。未来充满了不确定性，气候变化很有可能会带来更多的极端气候事件，因此我们必须要采取行动，继续应对气候变化。要实现这一目标，需要足够的勇气和政治智慧。应对气候变化对于社会的发展也至关重要，因为它同时会造成严重的空气污染问题。正如前面郝吉明教授所介绍的，气候变化和空气污染具有同根同源的特点，都产生于化石燃料的燃烧。因此，协同应对气候变化与空气污染将产生非常大的协同效益。开发核能和可再生能源是打赢蓝天保卫战和改善气候的根本解决方案，这也是我今天演讲的主题。

全世界都已经意识到了应对气候变化的重要性，《巴黎协定》是推动世界共识的最重要的文件之一。根据联合国气候变化框架公约的官网，有189个缔约方已经批准了《巴黎协定》，这代表了世界的共识。《巴黎协定》设置了长期目标，将全球在2100年前的温升控制在工业化水平之前的2度以下，并努力把全球平均温升限制在1.5度以下。为了达到这一目标，就需要尽快实现全球深度脱碳，实现温室气体的碳源和碳汇之间的平衡。关于在21世纪下半叶达到净零排放的目标，很多国家都进行了立法，包括英国和新西兰等国。欧盟也推出了“绿色新政”。中国国家主席习近平最近宣布中国将采取更加强有力的气候措施，加大国家自主贡献的力度。我们的目标是在2030

年之前达到两个排放峰值，并在2060年之前实现碳中和。这对于全球气候治理以及全球行动进程而言是非常重要的行动。因此，在中国之后，日本和韩国等国家也宣布了其共同承诺。第26届联合国气候变化大会2021年在英国举行。我敢肯定，更多的国家有望在英国宣布其承诺。欧盟委员会提出的“绿色新政”在全面的社会和经济发展战略方面树立了榜样。这是一项新的增长战略，旨在通过有效的现代资源和竞争性经济将欧盟转变为低碳繁荣的零碳社会。世界上很多地方已经证明，采取气候行动有助于经济增长。一个典型的例子就是中国。从第十个五年计划开始，中国已将碳强度降低目标纳入五年计划。从1998年到2012年，中国的经济增长了3.8倍，同时能源消耗仅仅增长了77.5%。同时正如郝教授刚刚提到的那样，环境质量大大改善，$PM_{2.5}$和二氧化硫的排放显著减少。这个例子说明，追求低碳经济可以推动经济的高质量发展，其主要途径是能源的转型。

接下来我想谈一谈能源转型。2019年全世界一次能源消费大约为139.5亿吨油当量，相当于每人2.2吨。在能源结构上，可再生能源的比例在缓慢上升，让整个能源结构持续转向低碳状态，但总体上仍然无法满足《巴黎协定》的要求。在这里我们展示两个情景下的能源转型进程。一个是缓慢转型情景，这一情景到2050年的非化石能源比例为26%，显然不能满足《巴黎协定》的要求。另一个是快速转型情景，到2050年非化石能源比例为44%，其中可再生能源的比例从2014年的5%上升到29%，而煤炭的比例从30%下降到7%。为了实现这一情景，我们需要加大政策行动的力度。我们的团队做了一系列关于中国能源转型的研究，进行了关于中国未来中长期低碳发展战略和转型路径的20多项研究，包括中国经济与社会发展、国际贸易、工业建筑交通等行业研究、环境、政策、治理等方面的内容。我们这里给出了2度目标情景和1.5度目标情景的能源需求。1.5度目标下我们的一次能源需求是50亿吨油当量，并且峰值来得很早。对于2度目标，非化石能源比例是70%，同时煤炭的比例要下降到10%，此时的正排放为22亿吨。如果要实现1.5度目标，非化石能源的占比还要更高，要占到85%以上。这样的低碳转型对经济也有一定的促进作用。据我们估计，中国实现2度目标需要100万亿的投资来构建这样的能源基础设置，相当于这期间GDP总值的1.52%。1.5度目标所需的投资是164万亿，相当于这期间GDP总值的2.5%。这些低碳相关的投资也会带来高质量的就业，并最终推动经济发展。

最后，气候变化对我们的社会有着非常深远的影响，因此将气候变化纳入工程教育非常重要。在此我想介绍清华大学在将气候变化融入工程教育中的一些努力。第一个是我们为学生建立了关于气候变化的全球讲座。在讲座中，我们邀请了全球气候领导人，包括政坛领袖、商业先驱和顶尖专家，讨论气候变化并与学生互动。在这里您可以找到很多熟悉的面孔。通常学生可以只在电视上看到，但是通过这次演讲，他们有机会与之互动。我认为这对他们建立对气候变化的承诺非常有帮助。另一个例子是我们建立的世界大学气候变化联盟。目前，已有14个大学加入了该联盟。它们涵盖了世界六大洲。在这个组织中，除了各院系之间的联合科研工作，我们还组织了几次学生活动。第一个是这个代表团参加了第25届联合国气候变化大会，我们鼓励学生观察、学习并思考气候变化的履约实践。受到这个启发，他们在2019年11月自主发起了一个研究生模拟气候谈判大会。上个月，学生们还组织了第二届论坛。来自47个大学的数百名学生在线参与，论坛非常成功。学生从中得到了更多关于气候变化的启发。值得一提的是，在首届大学生气候论坛之后，学生们写了一封信，向习主席介绍他们为应对气候变化而提出的解决方案。幸运的是，他们收到了习主席的回信。他说，我非常欣慰，尽管你们来自不同的国家，但是你们对全球问题有着共同的关切，这与人类的未来息息相关。他期待看到作为世界知名大学的研究生们为应对气候变化而努力，并期待你们持续对中国的发展保持兴趣，提出宝贵的意见。

最后，我想总结一下我的发言。从长远来看，气候变化会让人类付出极大的代价，因此必须通过净零排放和能源转型来使经济复苏与气候目标保持一致。采取气候行动并不一定会阻碍经济增长，反而可能会在气候、蓝天和经济增长之间带来多重好处，这种协同效益的发挥需要发展可再生能源，提高能效。最后，气候应纳入工程教育中。清华大学在这方面的努力无疑将帮助年轻一代为应对气候变化而奋斗。我的介绍到此结束。感谢您的关注。

诺尔曼・福腾伯里
美国工程教育学会（ASEE）执行主任
Norman FORTENBERRY
Executive Director, the American Society for Engineering Education

诺尔曼・福腾伯里，美国工程教育协会（ASEE）执行主任，该协会致力于推动各层次工程专业教育的创新、卓越和机会。福腾伯里博士曾担任美国工程院（NAE）工程教育奖学金促进中心（CASEE）的创始主任。曾任国家科学基金会教育和人力资源助理总监的高级顾问、本科教育与人力资源开发部主任。获得麻省理工学院机械工程专业理学学士、理学硕士和理学博士学位。

Norman L. FORTENBERRY, Executive Director of the American Society for Engineering Education (ASEE) , a global society which advances innovation, excellence, and access at all levels of education for the engineering profession. Previously, Fortenberry served as the founding Director of the Center for the Advancement of Scholarship on Engineering Education (CASEE) at the National Academy of Engineering (NAE) . He served in various executive roles at the National Science Foundation (NSF) including as senior advisor to the NSF Assistant Director for Education and Human Resources and as director of the divisions of undergraduate education and human resource development. Dr. Fortenberry was awarded the S.B., S.M., and Sc.D. degrees (all in mechanical engineering) by the Massachusetts Institute of Technology.

气候变化与工程教育在现代社会中的角色

诺尔曼·福腾伯里

非常感谢主办方邀请我参加本次重要的讨论。在此也要感谢分论坛的主持人王教授。我的发言将会涉及三个领域的内容，包括我们所面临的挑战，这个挑战对工程学来说意味着什么，以及这对工程教育会造成怎样的影响。

首先谈及气候变化的挑战，它其实是非常严峻的。2014年6月，《商业周刊》发表了一篇专门讲气候变化影响的文章，提到整体气候温度将上升2度。希望可以在2050年，采取一些行动将温度上升控制在2度以内。因为气候变化已经造成了海平面的上升以及北极冰带的融化等。气候变化也带来了一些其他的影响，比如粮食作物的减产，气温的上升，病虫害的蔓延，夏季高温热浪的发生。气候模式的改变也增加了森林大火、干旱等灾害的发生频率，同时增加了像飓风、台风等超级风暴发生的频率及海平面的上升和城市空气污染的加剧。气候变化所带来的消极影响已经造成了极高的经济损失，这需要我们所有人去应对。

我们作为工程师，作为工程界的人士，到底应该怎样去应对这个挑战呢？首先，我们需要更好地了解这些原理，包括专注于减少温室气体的排放，提高能效。具体措施包括推出更加节能的汽车，推动低碳解决方案，推动在当前系统当中的碳捕获与封存，还有改良当前的电站，不断提高能效，植树造林，等等。在提供具有韧性的可持续的基础设施方面，我们也不遗余力地做很多工作。所有的这些都非常令人激动，并且在工程方面具有非常大的研究潜力，可以设立很多相关课题。

但在应对气候变化方面，我们的行动还是远远不够，也不够成功的。因此我们需要更进一步，这意味着我们为了让人类在更加可持续性的环境下生活，需要减少二氧化碳的排放，在一些人口密集的领域提供节水节能的生活环境，推动技术进步，开发一些化学的产品减少排放和减少空气污染，等等。有些工作在全球已经取得了一些成效，并且相关的工作正在开展当中。

与此同时，我们也看到了机会。我们认为工程师的使命就是需要为人类的发展和社会的发展提供解决方案。现在人类所面临的挑战是前所未有的，需要从技术和社会影响的层面提供多样化的、创新性的、可持续的解决方案，让技术可以与社会发展密切地融合起来。更重要的是，工程师需要更好地了解人以及社会。根据马斯洛的金字塔需求理论，人类的第一需求就是生理的需求，包括对于水、食品等的需求；在此之上将会有安全和情感方面的需求。在这方面，我们也做了很多的工作，比如使用人工智能以及进行跨学科的合作等。就像医生会因为看到自己的病人没有办法存活下去而痛心，对于工程师来说，项目失败了，无论是桥梁的坍塌还是机械的损毁等，其实都会给发明者、创造者带来消极的影响，并且产生一些偏见。此外，我们还要考虑到其他的一些偏见，比如种族偏见，很多语音识别的软件只能识别一些标准的发音。

工程教育需要涵盖文化教育等内容。现代工程师不仅是指自然科学专家的合作，还包括来自人文科学、艺术科学专家的合作。这也是美国工程学会的宗旨所在，希望可以开发出来新的、核心的工程学的思维，其中包括解决问题的能力、适应能力、创新性的能力和寻找问题的能力等。在一系列的学术项目当中，不断地去适应和了解对于工程教育新的要求。这些项目是把工程学和社会科学融合起来，可以解决人类的需求，并且可以通过对增强技术的了解，按照一定的法律和社会的原则去解决问题。他们是希望通过自己的项目可以更好地让工程师做好准备，去应对这个行业所面临的社会技术以及社会经济影响和挑战。比如说在气候变化方面，在工程学的原理上面，我们鼓励乘公共交通，而不是自驾车。工程师就需要更多地去考虑一些人为的设计因素，从而让公共交通更加具有吸引力。此外，工程师也需要思考，提供一些技术的创新，包括核废料的存储和利用的技术，还有怎样帮助电动车更快地找到充电桩、充电站。工程师也需要团结起来做好准备，可以更好地应对在技术层面的长期挑战，同时还要考虑到所提供的基础解决方案带来的后果。工程师要意识到设计的产品或者服务将会带来的积极的和消极的影响，有一些后果是不可逆转的。例如汽车行业创造了大量机会，但是每一年却排放13亿吨的温室气体，付出了惨痛的环境代价。又比如，人脸识别技术给我们带来了众多的好处，帮助我们追踪罪犯，但是有可能会被滥用。工程师必须主动考虑到政治和社会上所带来的影响。美国高级工程科学协会负责人就曾经提到，工程师必须要考虑到在社会以及在工程界所进行的融合问题。工程界需要参与制定一些相关的发展政策，如果只是由所谓的科学所主导是不提倡的。

我们有责任把科技用于服务中，更好地服务社会。我们是为了公众的利益而开发和设计更好的技术，提供更好的服务。实际上，这帮助我们从学术界的研究转变为以实践为指导的工程设计。所以这个观点是非常重要的，特别是能够帮助我们通过研究更好地适应社会的变化和气候的变化，同时引导经济的可持续发展。虽然现在有些发展中国家可能缺乏一些资源推动变革，但是我们可以帮助发展中国家以及发达国家，一起合作、共同应对这些挑战。目前，有一些国家对应对气候变化的贡献有限，我们可以通过工程的手段帮助这些国家实现低碳发展。所以工程实际上是一个重要的职业，涉及国家经济的发展。威廉曾经提到过一个观点，在20世纪初期，我们看到每个领域，无论是否是科学领域，都受到了工程的影响。例如，疾病传染病防治、金融、食物供应、农业和农民等。工程和人类的生产生活方式息息相关，因此我们要利用这一点，充分发挥工程科学的力量，为应对气候变化和其他可持续发展挑战做出相应贡献。工程师的世界其实非常广阔。

伊希瓦·普里
加拿大麦克马斯特大学工学院院长，加拿大工程院院士
Ishwar K. PURI
Dean, the Faculty of Engineering, McMaster University, Canada;
Canadian Academy of Engineering Fellow

伊希瓦·普里，加拿大工程院院士，加拿大麦克马斯特大学工学院院长。在该学院普里教授担任“枢纽”项目负责人，通过强调为学生提供丰富的体验式学习机会和为终身学习者提供体验式微证书来变革工程教育。现为加拿大自然科学和工程研究理事会委任理事。目前的研究方向包括用生物墨水对细胞和组织进行3D打印，以及开发用于生物传感、化学传感和超级电容器应用的纳米颗粒胶体等。

Ishwar K. PURI, Fellow of the Canadian Academy of Engineering, Dean of Engineering and Professor at McMaster University in Hamilton, Canada. Prof. Puri leads The Pivot, a project at McMaster University that is transforming engineering education by emphasizing rich experiential learning opportunities for students and experiential microcredentials for lifelong learners. He is an appointed member of the Natural Sciences and Engineering Research Council of Canada. His current research interests include 3D printing of cells and tissues with bioinks and development of nanoparticle colloids for biosensing, chemical sensing and supercapacitor applications.

“枢轴”项目：变革工程教育，应对巨大挑战

伊希瓦·普里

非常感谢主办方和为这个分论坛做出努力的所有人，我非常高兴也非常荣幸，能够参加今天的小组讨论。气候变化是当今人类面临的许多重要挑战之一，它与人类面临的其他挑战诸如食品安全和人类面临的健康福祉等也息息相关。在工程领域，我们要教学生如何来应对这些挑战，理解这些挑战，并提出一些本地化的解决方案。为了实现这一目的，我们创建了“枢轴”项目（见图1），这个项目有三项核心内容：增加实战学习内容、改革课程体系以及重建教室场景。

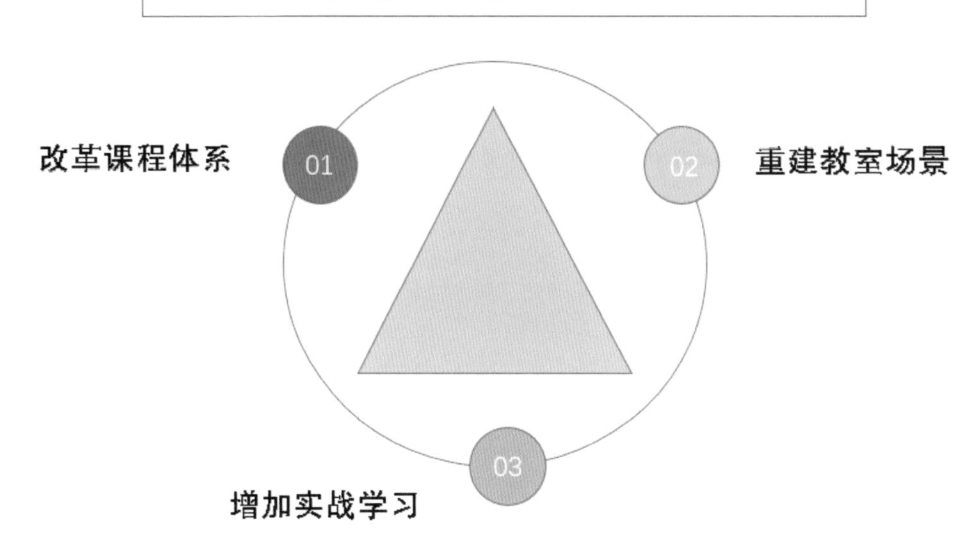

图1 “枢轴”项目的核心构成图

首先，我们要帮助学生找到力所能及的挑战课题，并鼓励他们在实战中解决问题，在“做中学”。直接让这些新生来解决气候变化这个大问题，其实非常困难的，所以我们首先要找出一些他们当地面临的问题。这些学生必须要在一个社区环境中

学习，在社区中找到挑战，然后要为这个社区找到解决方案，最后他们和社区一起合作来解决问题。这个社区可能是临近的居民社区，也可能是某些专业团体，或者是全球的一个地球村。在这个过程中合作非常重要。在气候变化的大背景下，我们有一些核心的问题，这就叫挑战，所以为了帮助我们更好地了解挑战，学生们必须知道一些基本的原则性的问题，他们应该知道他们需要什么样的资源，然后他们要和社区进行合作。在与社区合作的反馈中，他们逐渐形成他们的解决方案，方案中包含一系列的行动。同时他们要对方案进行评估，评估的过程能够帮助我们更好地了解这些方案是否是可行的。对学生来说，他们首先愿意去发现，而且是自主发现，然后要询问他们的解决方案，他们要把不同的学科融合在一起，然后去更好地解决，而且学生必须要创新，还要让创新的办法可持续。所以他们需要一些商业的技巧，那么在商业技巧中他们要寻求社区的支持、政府的支持、私营机构的支持，所以这些都是要整合在一起的。学生还要明白，他们是在一个多样化的团队中进行学习，他们也知道他们应该有全球化的视野，有一些当地的解决方案。他们必须了解不同国家的文化，知道在一个场景下的解决方案可能不适用其他的地区。同时学生应该把他们当成一个公民，所以他们有社会的属性，同时又是社区的一个组成部分。我们给学生的这个挑战不能太大，如果挑战太大的话，学生可能就没有动力去推动变革了；挑战也不能太弱，如果这个承诺很容易达到的话，那他们做的事情就毫无价值。同时我们支持学生们创建创新小社团来共同应对一些挑战，同时我们有一些不同的项目来帮助他们这么做。对于不同的学生来说，他们的挑战是不一样的。同时我们应该提供有针对性的帮助，从简单挑战到复杂挑战，他们在学中做，做中学，这是一个循序渐进的过程。

在课程体系上我们也做了非常大的改革，以项目式学习和自驱式学习为主。第一年，工程部的学生不选科，他们的主要任务是发现并解决挑战。为了达到这一点，我们必须要去调整课程，扩大学习的实践经验。学生过去在第一年会有很多课程，经过简化以后设计了新的课程体系。在新的课程中，根据挑战的不同复杂程度设计了分层课程。通过分层挑战的学习，让学生具备了更好地处理复杂问题的能力。首先给他们介绍一些理念，我们每周有三次时长一个小时的课程，这里面我们会介绍一些新的课题，然后对他们感兴趣的话题不断地进行强化，同时他们能够学习什么是工程。我们每周还有两次时长三个小时的实验室研究工作，他们可以培养自己的技术技巧。同时我们还有一些真实生活中的应用，每周有两个教师可以跟团队一起在项目上进行合作。在不同的阶段，我们会给他们发放不同的证书，来增加学生的信心。同时我们会有一些设计中心，让学生在设计中心积累项目经验，提升能力。

最后，我们改变了传统教室场景，基于工作室进行教学。在我们的设计工作室，学生们可以进行测试，还可以获得来自教授团队的帮助。这里有两个相关的项目案例，第一个项目是关于可再生技术的挑战，我们要求学生设计涡轮叶片。涡轮叶片是用于可再生风能技术的，他们已经学到了关于原材料、动力学的知识，而且也学习到相应的设计知识，我们要求学生应用这些知识以团队的方式在网上进行虚拟的合作来完成设计。这是一个基础性的项目。第二个项目更加的复杂，是关于可持续性的挑战，他们需要使用多种技术，包括机器人、传感器、无人机等，去设计一个可以在没有人为干预的情况之下进行整理和回收的容器。学生们除了运用知识，还需要与社区进行合作。此外，我们要认识到工程师、学习者，还有学生，他们不应该只是给出一个解决方案，而是必须要与当地社区的人密切合作。工程师并不是主导者，而是服务者，他们要为当地社区服务。学生需要设计出来对于项目的陈述。

所以大家可以看到，基于挑战的学习的核心就是需要号召学生采取行动。我们需要让学生拥有这种要采取行动的紧迫感，而气候变化无疑是我们所面临的一个重大挑战，而且气候变化也是与其他的很多的挑战息息相关的。所以当学生有了紧迫感，他们就能够看到事物跟它之间的紧密联系，他们可以通过头脑风暴、可以共同合作去找到一些解决方案，而且他们也有更高的主人翁意识和自主感。那为什么我们要这样做呢？因为我们希望让学生不仅能够掌握相应的技术能力，还可以拥有持续学习的能力，这样他们才能够真正地给世界带来改变。再一次感谢大家的聆听，谢谢。

第二届国际工程教育论坛

The 2nd International Forum on Engineering Education

2020年12月2-4日 Dec. 2-4，2020

分组论坛A3

Panel A3

可持续技术及全球协作

Sustainable Technologies and Global Engagement

December 3, 2020 CST 20:00-23:00

承办单位

清华大学精密仪器系

中国仪器仪表学会

一带一路智能传感与物联网合作联盟

Organizer

Department of Precision Instrument, Tsinghua University

China Instrument and Control Society (CIS)

Belt & Road Alliance for Sensing and IoT Collaboration (BRASIC)

分论坛介绍

当前，全球经济面临前所未有的挑战和深刻变革，重塑全球协作，推动可持续发展刻不容缓。各国科技工作者有必要秉持人类命运共同体理念，进一步加强国际合作，共同捍卫全球公共卫生体系、守护人类生命健康；充分发挥政府、市场和国际组织在应对危机中的作用，并加大民生领域投入，深化各领域在技术交流和人才培养等方面的国际合作。然而如何将技术进步与跨专业、跨领域、跨行业的协同发展相结合成为当今世界面临的重要课题。为了应对这一挑战，迫切需要高水平的工程技术人员，这为全球的工程教育提出了巨大的挑战。

为此，清华大学精密仪器系联合中国仪器仪表学会及“一带一路”智能传感与物联网合作联盟组织了“可持续技术及全球协作”论坛，邀请国内外知名学者以及教育领域的翘楚，在介绍一些可持续发展技术的同时分享他们在工程教育领域的一些思考，共同探讨如何进一步加强工程技术人才培养以及工程教育的国际合作，以实现全球共同发展和可持续发展的目标。

Panel Introduction

The global economy is facing unprecedented challenges and profound changes. It is imperative to reshape the global engagement for promoting sustainable development. Societies from all countries should uphold the vision of a human community with a shared future for mankind and further strengthen the cooperation in international development.Defending multilateralism, initiating new international cooperation, jointly protecting the global public health system, safeguarding human life and health, and valuing the concept of sustainable development, should become the global consensus. It is important to take the advantage of the functions of governments, markets and international organizations in processes responding to the crisis, to increase the investment to developments related to people’s livelihood, and to strengthen the international cooperation in technical exchanges and professional training in various fields. However, how to combine technological upgrade with cross-professional, cross-field and cross-industry collaboration has become an important issue. In order to facing this challenge, there is an urgent demand for high-level engineers and technicians, which poses a huge challenge to the global engineering education.

承办单位简介

清华大学精密仪器系

清华大学精密仪器系成立于1932年，是中国历史最悠久的工程学科院系之一。精仪系涵盖仪器科学与技术、光学工程两个一级学科，各学科在全国评估中均名列前茅。建有1个国家重点实验室和1个国家工程研究中心，及国家级示范教学基地，是全国国家级教学科研机构最多的系，为培养多学科交叉的创新性人才、开展创新性的科学研究提供了良好支撑。

中国仪器仪表学会

中国仪器仪表学会是中国仪器仪表、测量控制领域的专业性学术团体。成立于1979年，目前学会拥有个人会员46647名，团体会员1406个，下属专业分会44个，联系指导地方学会29个，特设工作委员会15个，联络处1个。

中国仪器仪表学会团结、组织广大仪器仪表与测量控制科学技术工作者，致力于提高仪器仪表与测量控制科技工作者专业技术水平，促进仪器仪表与测量控制科学技术的繁荣和发展，扶植仪器仪表与测量控制产业的创新提升，加快仪器仪表与测量控制科技与经济建设相结合，为社会主义现代化建设服务。中国仪器仪表学会在中国政府管理部门、行业、科学家、工程师、研究者和制造商之间起到重要的桥梁作用。

“一带一路”智能传感与物联网合作联盟

“一带一路”智能传感与物联网合作联盟是一个非政府和非营利性的国际组织。它致力于促进传感与物联网领域的国际合作，以促进世界的协调发展。“一带一路”智能传感与物联网合作联盟是一个开放、共赢的合作平台，通过举办国际会议、出版物行业报告、进行职业教育等项目来分享会员及专家们的知识和实践经验，以实现促进传感和物联网产业可持续发展的目标。

About the Organizers

Department of Precision Instrument, Tsinghua University

Founded in 1932, the Department of Precision Instrument of Tsinghua University is one of the early engineering departments in China. The Department has two divisions, the instrument science and technology and optical engineering, both highly regarded nationwide. It has a state key laboratory and multiple research centers, which constitute an advanced platform for interdisciplinary training and innovative scientific research.

China Instrument and Control Society (CIS)

China Instrument and Control Society (CIS) is a leading academic organization in measurement, instrumentation, control, and automation in China. Founded in 1979, located in Beijing, China's capital, CIS serves as the bridge and contact link for scientific and technical professionals. With 46, 647 individual members, 1, 406 group members, 44 subordinate professional branches, 29 local sections, and 15 specialized working committees, CIS play an important role in build bridges between governments, industries, scientists, engineers, researchers, and manufacturers.

Belt & Road Alliance for Sensing and IoT Collaboration (BRASIC)

Belt & Road Alliance for Sensing and IoT Collaboration (BRASIC) is an international non-government and non-profit organization that aims to promote international cooperation among nations in the fields of sensing and IoT for the benefit of the coordinated development of the world. BRASIC is an open and mutally beneficial collaboration platform to share knowledge and experience by holding international conferences, publications reports, and professional education programs to achieve the goal to support the sustainable development of sensing and IoT industrial.

分论坛主持

主持人 Chair

欧阳证
清华大学精密仪器系主任
机械工程学院副院长
OUYANG Zheng
Professor and Chair Department of Precision Instrument, Tsinghua University

欧阳证教授，1993年毕业于清华大学自动化系并获得学士和硕士学位，1993年硕士毕业于西弗吉尼亚大学化学系物理化学专业，2002年博士毕业于普渡大学化学系分析化学专业。2007年任普渡大学生物工程系助理教授，2012年获终身教职并于2015年升任正教授。2015年6月入职清华大学精密仪器系任教授，现任清华大学精密仪器系主任及机械工程学院副院长。他多年来从事分析仪器研究，现为美国医学与生物工程院（American Institute for Medical and Biological Engineering, AIMBE）会士，国家计量战略专家委员会委员，中国计量测试学会副理事长，International Journal of Mass Spectrometry 主编，中国科协《Research》（科学合作伙伴杂志）副主编，Encyclopedia of Analytical Chemistry 副主编，Trends in Analytical Chemistry 编委，及 Journal of The American Society for Mass Spectrometry 编委。

Professor OUYANG Zheng received his BE and ME in Automatic Control from Tsinghua University in China, his MS in Physical Chemistry from West Virginia University in USA, and his Ph D. in Analytical Chemistry from Purdue University in USA. He had been a professor at the Weldon School of Biomedical Engineering at Purdue University before he joined Tsinghua University in 2015 and served as the Chair of the Department of Precision Instrument and the Deputy Dean of the School of Mechanical Engineering. Professor OUYANG'S research is focused on the development of mass spectrometry instrumentation and related applications in biomedical field. Currently, he is the Fellow of the American Institute for Medical and

Biological Engineering, Editor of the *International Journal of Mass Spectrometry,* Associate Editor of *Research,* Associate Editor of *Encyclopedia of Analytical Chemistry*, and member of editorial board for *Trends in Analytical Chemistry* and *Journal of The American Society for Mass Spectrometry*.

肯尼斯·格拉特

英国皇家工程院院士，伦敦大学城市学院教授

Kenneth T.V. GRATTAN

OBE FREng, Royal Academy of Engineering-George Daniels; Professor of Scientific Instrumentation, City, University of London

肯尼斯·格拉特教授1974年获英国贝尔法斯特女王大学物理学（荣誉）学士学位，1978年获激光物理学博士学位。1992年因传感器系统研究获伦敦城市大学理学博士学位。1978年成为帝国理工学院研究员，1983年入职伦敦城市大学成为物理学讲师，1991年担任测量和仪器教授，并担任电气、电子和信息工程系主任。2001年至2008年间，先后担任工程学院助理院长和副院长，2008年至2012年间，担任工程与数学科学学院和信息学学院的首任联合院长。2013年，他被任命为研究生院首任院长、科学仪器乔治·丹尼尔斯教授，并于2014年被任命为皇家工程研究院主席。

格拉特教授曾在多家国际组织任职，曾担任电气工程师学会（现为IET）科学、教育和技术部及物理学会应用光学部的主席，并于2000年担任测量及控制学会主席，并曾任职于这三个专业机构的理事会。2014年他当选国际计量测试联合会主席，任期为2015年至2018年。他于2008年入选英国皇家工程院，并被英国女王授予大英帝国勋章。

Kenneth T.V. GRATTAN received the B.Sc. (Hons.) degree in physics in 1974 and the Ph.D. degree from Queen's University, Belfast, UK in 1978 and the D.Sc. degree from city University of London in 1992 for his work in sensor systems. In 1978, he became a Research Fellow at the Imperial College of Science and Technology. In 1983, he joined City University of London as a Lecturer in physics, where he was appointed as a Professor of Measurement and Instrumentation in 1991 and the Head of the Department of Electrical, Electronic and Information Engineering. From 2001 to 2008, he was the Associate Dean and then the Deputy Dean of the School of Engineering and from 2008 to 2012, he was the first Conjoint Dean of the School of Engineering and Mathematical Sciences and the School of Informatics. In 2013, he was appointed as the Inaugural Dean of the City Graduate School. He was appointed as a George Daniels Professor of Scientific Instrumentation in 2013 and to the Royal Academy of Engineering Research Chair in 2014.

Prof. GRATTAN is extensively involved with the work of the professional bodies having been Chairman of the Science, Education and Technology of the Institution of Electrical Engineers (now IET) and the Applied Optics Division, Institute of Physics and was the President of the Institute of Measurement and Control during 2000. He was elected as the President of the International Measurement Confederation in 2014, serving from 2015 to 2018. He was elected to the Royal Academy of Engineering, the U.K. National Academy of Engineering, in 2008 and received the national honour of Officer of the Order of the British Empire (OBE) in 2018 from Her Majesty the Queen.

基于光纤传感技术的跨学科研究和跨学科教育

肯尼斯·格拉特

今天，我想和大家分享我与伦敦城市大学同事一起研究的内容，主要分为以下几个部分：首先我会介绍可持续技术的发展现状以及对于研究生教育来说的重要性；其次我会讲一下光纤感应器以及驱动这个领域发展的因素；随后介绍一些技术实例、市场方向，并展望未来发展。

首先，概述可持续性技术的发展现状。可持续性技术是与复杂集成化的系统息息相关的，并围绕着可持续性发展来设计。这是一个非常重要的领域，对于我们的研究生教育教学来说至关重要。可持续性技术能够减少浪费，减少物料和能量的损耗与成本。如果我们想要去改善我们的环境，同时进行更清洁的生产环节，则需要通过各种监测手段来验证什么方式能够让我们减少对环境的污染，采取相应措施，来改善生产与生活环节。所以现在讲技术创新，因为技术创新在环境的改善上面发挥着关键的作用，对于研究生来说也是非常重要的。所以我们认为，光纤感应器系统可以在这个领域发挥非常重要的作用。

我想向大家分享麦肯锡网站上的一项报道。报道介绍了2019年出现的9个技术创新，它们将会去塑造我们今后的可持续发展路线。它们分别是公共电力传输、电动卡车、低成本能源存储、长期能源存储、塑料回收、LED发光效率、太阳能利用、碳捕获与封存、氢能利用这9个领域，这些对于我们研究生教育来说都是非常关键的领域。我们之前提到的光纤传感器在未来也发挥着非常重要的作用，包括太阳能利用、电池监测，还有化学成分监测、能源传输与长期存储，例如天然气安全储存等方面，对于未来应用而言也是非常重要的。

为什么我们选择了光纤传感器呢？因为光纤传感技术在可持续发展技术中是一项非常好的典范，而且我们认为这个市场将会是上百亿的市场。2017年，光纤和光学设备市场市值达到了105亿美元，经预测2023年的市值会达到200亿美元。现在在世界各地都有各方面关于光纤传感器的研究，包括很多中国的同行。光纤传感技术在工业领域的一系列应用从20世纪80年代就开始出现了，近年来在环境、生物医学、医疗等领域更是得到了急速的发展。我们觉得发展可持续性传感技术的关键一方面在于发展成本低廉且扩展性强的技术，另一方面在于通过全球协作，解决世界所面临的一些共同问题。近年来和同行们的协作，包括跟中国的几个大学的合作为我们的工作带来了很大的帮助。如果是每个小组独自进行这方面的研究，将会十分困难。

我要和大家介绍光子学和光纤的一些概念。光子学起源于19世纪60年代，是研究作为信息和能量载体的光子的行为及其应用的学科。光纤传感是光子学的一个分支，是从激光学科中发展出来的一个概念。在19世纪80年代的时候，激光被广泛应用在光纤数据通信与传输上，并在电器电子工程师协会（IEEE）中建立了专门的激光与电子光子学方面的期刊。光纤与光子学是一个非常跨学科的领域，就教育的角度而言，非常关键的一点就是要让学生们在受教育的时候能够去注意他们必须是具有学科交叉的能力，并能够关注到不同学科都有什么样的进展。在此不跟大家一一赘述关于光线传感器的技术细节，因为它看起来是一项简单的技术，但是它所包括的物理、材料、电子相关的技术又是复杂的。光纤传感器系统充分利用了光纤的各种天然属性，你可以去测量各种不同的参数，包括它的振动、压力、温度，还有分布、应力、化学、浓度，以及生物医学参数等，这些都是非常关键的，对于我们跨学科教育来说非常重要。

光纤的发展可以追溯到20世纪60年代的时候，不仅仅用于通信领域，也用于传感器领域。中国的交叉学科科学家像高锟等人也做出了重要的贡献，他们早在20世纪60年代就在英国进行这样的研发。低损耗光纤以及新型的激光监测仪、光子设备在20世纪70年代和80年代之间出现，再到后来如LED技术的出现，也推动着这个学科领域的进一步发展。

我们会举一些光纤传感器的技术应用实例。光纤传感领域的一个核心元件是光纤放大器，通过材料的掺杂，我们可以很好地改善端路传感性能，比如加入铒或铬的光纤。这是我们几年前跟浙江大学的同事合作研发的一些新材料方面的工作。航空领域也会用到光纤传感器进行温度监控，这依赖于光纤能够实现多参数传感的特性。接下来这个例子是光纤的PH值传感器，是在伦敦城市大学开发的，我们用这种指示器来监测钢筋水泥在不同使用时间阶段的结构变化，来进行形态方面的监测。

我们和一家德国的公司也进行了合作。这个是PH值和氧含量传感器，用的是LED的光源，加载在一个10微米的纤维耦合器上。这里用到的是一些商用传感器的设备，它们非常小，精致的结构便于使用和携带。光纤传感器在医疗方面的应用，在全世界是一个几十亿的市场。人体有许许多多值得关注的监测量，我们可以通过光纤传感器获取到想要的信息，还可以利用基于光纤传感的技术来监测人口老龄化所带来的相应的健康问题。

关于市场的一些情况。特别是在教育领域工作的人，这个是教育的一个重要内容。光纤传感器到2020年之后的增长预测，年增长率达到15%，见图1。首先是由于技术的进步驱动市场的增长，同时还伴随着传感器的准确性以及安全性的进步。所有的这些显示了市场的规模会越来越大，所以这个跨学科的研究领域和教育意义会越来越重要。

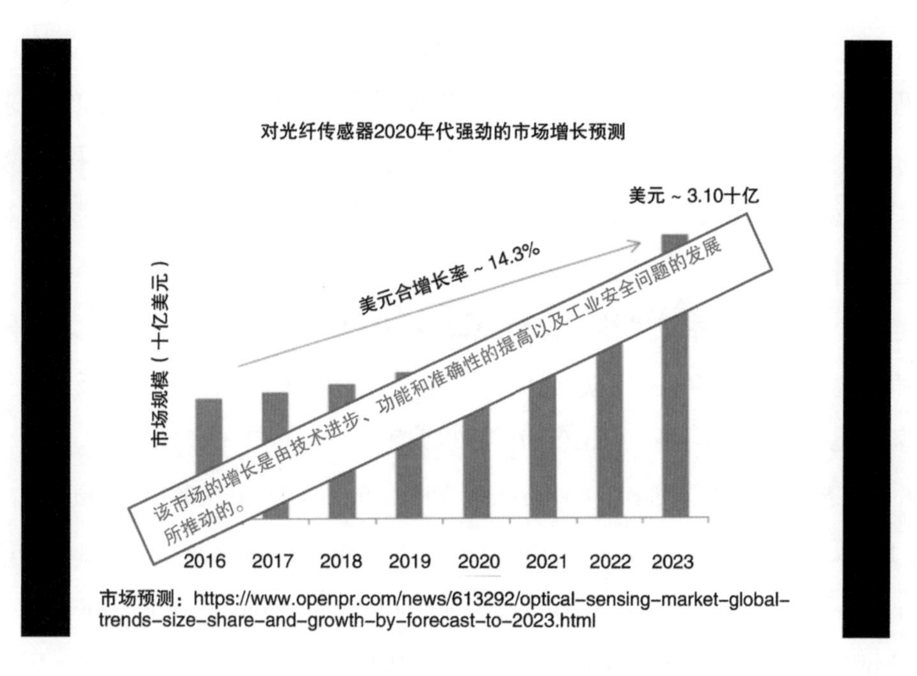

图1　21世纪20年代光纤传感器市场增长图

归纳总结上述内容，有四个方面可以对可持续发展做出贡献。近年来一系列光纤和光子传感器的关键性技术的成功突破驱动着这个学科健康向前发展。截至目前，光纤传感与通信在工业领域得到了极大的发展。最后，我想说这个领域对于我们现在的研究生教育来说非常重要，首先是跨学科技能的培养，这是一个非常重要的需要不断培养、不断加强的技能。考虑到传感器未来的使用需求很大程度上是受安全因素驱动的，所以这个市场前景非常的好，有几十亿美元的市场规模，而且始终还在增长。因此我觉得光纤与光子传感领域是未来就业的一个很好的方向，无论是在行业就业还是学术研究之中。这就是我要演讲的主要内容，非常感谢。

巴瓦尼·尚卡尔·乔杜里
巴基斯坦迈赫兰工程技术大学电子与计算机工程学院前院长
Bhawani Shankar Chowdhry
Former Dean, Department of Telecommunication Engineering, Mehran University of Engineering and Technology, Jamshoro, Pakistan

巴瓦尼·尚卡尔·乔杜里教授于1990年在英国获得博士学位，是巴基斯坦博格高等教育委员会成员。他目前担任 IEEE 卡拉奇分部主席，曾任巴基斯坦贾姆肖罗市迈赫兰工程技术大学电气、电子与计算机工程学院院长和名誉教授。近12年来，他一直是国际理论物理中心（隶属于联合国教科文组织 / 联合国大学）客座科学家 / 助理，并三次担任欧盟伊拉斯谟世界计划访问研究员、IEEEP 的研究员，他还是巴基斯坦工程师协会的研究员和 IEEE 的高级成员。

巴瓦尼·尚卡尔·乔杜里教授曾担任德国施普林格出版社出版的《无线网络、信息处理和系统》（CCIS 20）、《信息通信技术中的新兴趋势和应用》（CCIS 281）和《发展中国家的无线传感器网络》（CCIS 366）的编辑。

Professor Bhawani Shankar Chowdhry did Ph.D. from UK in 1990. Presently he is Chair of IEEE Karachi Section. He is a Distinguished National Professor, and Former Dean and Professor Emeritus Faculty of Electrical, Electronics and Computer Engineering, Mehran University of Engineering & Technology, Jamshoro, Pakistan. He is also a Member BOG Higher Education Commission of Pakistan. He has remained visiting Guest Scientist/Associate of the Abdus Salam ICTP (under umbrella of UNESCO/UNU) , Trieste (Italy) for Twelve (12) Years and three times European Union Erasmus Mundus visiting Fellow. He is Fellow of IEEEP, Fellow of Institute of Engineers Pakistan and Senior Member IEEE.

He is having the credit of being editor/coeditor of books *Wireless Networks, Information Processing and Systems*, CCIS 20, and *Emerging Trends and Applications in Information Communication Technologies*, CCIS 281, and *Wireless Sensor Networks for Developing Countries*, CCIS 366 published by Springer Verlag, Germany.

可持续技术在轨道监测中的应用

巴瓦尼·尚卡尔·乔杜里

今天在这里，我想和大家分享工程教育的意义和重要性，然后讲可持续技术在轨道条件监测中的应用以及前景技术。

工程教育所扮演的角色。工程教育产生学术知识的迁移价值，在应用中产生很好的实验论文，同时提供了很多工作机会，这是它曾经所扮演的角色。但是现在它更多的是为了创造新的技术，我们现在学的所有东西，应该在工程教育中发掘应用价值和商业价值。在工程教育中，有四个重要的知识维度。首先是知识的传递。这是更加传统的、以教师为中心的教授。与此同时，我们教授的内容必须要转移到以问题和项目为基础的新知识的创造。然后要让他们去运用自己的知识，包括建立起原型进行研究。最后要进行商业化和创新。所以我们现阶段面向工程教育的课程设计就有了很大的提升。

我介绍一个我所参与的项目，以此展示一个完整的工程教育案例。巴基斯坦的铁路事故是个非常大的问题，从南部的卡拉奇到北部的白沙瓦，2019年内一共有100多起事故出现，大部分的事故都是由于火车脱轨而造成的。我也读到过其中的一些事故分析文章，人们首先考虑到的是监测火车的性能。然后他们发现大部分的火车的事故都是由于脱轨造成的，我们也在考虑是不是要对铁轨的情况来进行监测，我们要知道铁轨发生了什么样的情况。我们发现随着过度使用，铁轨会出现褶皱，而且许多铁轨使用时间也已经超过设计寿命了，它们很容易发生断裂或者是变形，最终造成巨大的财产和人身的损失，所以我们需要在巴基斯坦来进行铁轨情况的监测。

我们希望能找到一个投入小且也不需要很多人力的监测方法。现在很多的监测设备是非常昂贵的，所以我们必须要开发出一些低成本的设备。我和大家介绍目前现有的一些技术。一个非常理想的方案是基于测量轴加速度的方法，根据传感器的方法来了解铁轨的情况。现在针对这一技术已经有一些解决方案，但是都太昂贵，所以巴基斯坦并没有使用这样的技术。红外热成像技术的成本相对低廉，也能很好地对金属进行探伤，但是对于铺设好的铁轨并不能很好地进行监测。此外还有超声测试的方法，这种方法的检测需要非常长的周期，同时也需要大量的人力。布拉格光纤测量方式也可以对铁轨的健康情况进行监测。这是最新的创新方法，是根据折射系数开发的一项技术，巴基斯坦政府也建立起来了一个这样的实验室，希望有助于铁路的基础设施情况的监测。我们认识到需要开发的轨道监测技术，应当是轻量的、可靠的、高效的一种记录方式，而且成本要低，这样才能满足可持续发展目标。

最近主要工作是物联网的轨道监测车辆。检测车的整体结构是钢架的，使用的是木质的轮子。

木轮满足所有的轨道检测参数。之所以使用这个木轮子也是因为木轮是非常好的一种减振器，可以去减少车轮运作时候的振动。车轮的设计符合标准的锥度。一共有4个轮子，2个是机动轮，其他2个用于驱动，而这些是跟直流的电机连接在一起的。它也有机电模块，这样可以跟铅酸电池连接在一起。我们使用远程无线控制方式，可以真正实现无线监测。

我们使用谷歌地图开发者平台界面，在其中知道车辆从一点到另一点移动，然后从终点又回到起点，这样它就完成了一个来回的路程。然后我们可以对不同分段的轨道健康情况进行监测。

接下来要介绍的是探伤算法。一共有三个算法来监测轨道的故障。我们首先使用的是 Canny 边缘算法，通过功率谱密度分析实现实时监测；此外我们还使用了小波变换的方式，以监测损伤的严重性。

轨道检测流程中有两个摄像头采集图像，然后转换为灰度图像，然后进行 Canny 边缘分析，并计算功率谱密度。如果没有发现任何损伤，那么继续进行后续图像的加工；但如果发现有损伤的话，我们就对图像进行储存，并发送它的坐标，同时使用二维小波变换来评估损伤的严重程度。

我们为什么要使用 Canny 边缘监测呢？因为它是诊断损伤的有力手段，尤其是对于表面损伤而言，Canny 算法是在这方面最好的算法。它能够实现实时的处理，没有任何的延时。可以看到 Canny 边缘监测，可以从 RGB 转到灰度，然后设置它的算法的阈值，对图像进行处理，再去评估损伤的情况。我们使用功率谱密度进行计算分析。如果功率谱密度超过了一定的阈值，那么整个逻辑运算的输出是1而不是0，说明这个时候有损伤。如果输出是0的话，就说明没有任何的损伤。轨道监测车一旦通过单程的运行发现了损伤区域，那么再回来的时候，它已经存储了识别出的这一点。此时可以使用小波变换法，分析损伤的严重程度。

所以采用Canny边缘检测之后，可以很容易地通过功率谱密度图来评价是否出现了轨道的损伤，而是否损伤在功率谱密度图上的变化是显著的。在进行实验验证的同时，也通过手动的检查来进行辅助验证，比如说通过视觉检查或是使用RailScan125+等专业设备。从结果上看，我们开发的原型比惯性测量仪器的精度要高出87.9%，说明我们开发的设备和超声波轨道、探伤仪是一样的精确和精准。我们也发现了一些别的特征，例如火车在制动的时候更容易造成轨道的损伤，我们也进行了这样的实验。所以根据我们现在这样的实验和验证，认为这个基于物联网轨道检测的轨道监测原型车对于轨道的检测是非常有效的，而且能够解决现在成本昂贵的一个问题。

我们建立的轨道监测模型的解决成本是非常低的，而且是全地形适用的，这个非常适用于发展中国家。目前的局限性就是它的电池寿命，电池续航时间只有3个小时。太阳能可以很好地解决电池续航的问题，但在阳光照射时间不够长的时候，我们也在考虑其他的方式提供监测能源的供给。谢谢！

艾哈迈德·阿尔–沙玛
阿联酋沙迦大学工程学院院长
Ahmed Al-Shamma'a
Dean, College of Engineering, University of Sharjah, UAE

艾哈迈德·阿尔–沙玛教授是沙迦大学工程学院院长，他分别于1990年及1993年在英国利物浦大学取得理学硕士及博士学位。在2019年11月加入沙迦大学之前，他曾在英国利物浦约翰摩尔大学（Liverpool JohnMoores University）担任了五年的副校长及执行院长。

艾哈迈德·阿尔–沙玛教授的主要专业领域为工业应用方面的无创传感、微波设备、工业4.0完整系统集成和电信。他的学术贡献极其丰富，他曾在专业期刊上发表会议论文300多篇，撰写了技术论文和报告70多篇，申请过17项专利，完成了18部专业书籍。他曾多次在国际会议和国际培训中进行40多次主题演讲，主持国际会议30多次，组织或发起多次国际会议和培训项目，指导33名博士生成功地完成了他们的博士项目学习。

Professor Ahmed Al-Shamma'a (BEng, MSc, Ph.D.) , The Dean-College of Engineering, University of Sharjah, Obtained his MSc and Ph.D. degree from the University of Liverpool, UK in 1990 and 1993 respectively and he is a member of many Professional bodies. He was the Pro Vice Chancellor-Executive Dean (Teaching, Research and Enterprise) at Liverpool John Moores University, UK for 5 years before joining the University of Sharjah in Nov. 2019.

Prof. Ahmed's main areas of expertise are, Non-invasive sensing for industrial applications, Microwave devices, industry 4.0 complete system integration and Telecommunications. His academic contributions impact through professional practice is illustrated by the long list of publications over; 300 refereed journal and conference papers; 70 technical papers and reports; 17 patents; 18 book Chapters; 40 conference presentations, 30 conference chair sessions; organized 4 international conferences and summer schools. Prof. Ahmed have supervised 33 Ph.D. students who successfully have completed their studies.

让大学的研究真正走向应用

艾哈迈德·阿尔－沙玛

大家好，不管大家在什么地方，我非常高兴能够有机会跟大家进行分享。在几位教授介绍后我们知道，不仅仅要着眼于短期的问题，更多的是能够以可持续发展的眼光去适应未来的需求。在疫情出现期间和之后我们怎样做才能满足社会发展的需要，我们怎样才能适应技术需求的变化，教育体系要怎样调整才能适应这些变化培养出未来技术所需要的人才。现在的学生以后会分布在各个领域，或许能够成为未来这个领域技术发展的引导者。所以对他们的教育是非常重要的。

不管是在疫情期间还是之后，我们要认识到四个问题，那就是怎么样去解决？怎么样能够加强我们的韧性、灵活性？如何回归？如何进行再次的创造、再次的想象？我们知道，新冠疫情在不久之后会消失，我们能够克服它们。但是还可能会有其他的大疫情，我们怎么样能够建立起应对机制？现在已经暴露了我们的弱点，怎么保证这些在未来可以得到加强？我们应该对现在的情况进行反思，不光是领导者，还有学术机构，特别是工程研究学生，也要对这个问题进行反思。

我们总是听到关于工程教育的重要性，尤其是融合性、互动性、实践性技术的重要性，因此我们希望工程学生在学习理论的同时能够着眼未来，或者看到社会上存在的现实问题并做出回应。这些是我们在进行工程教育的时候需要考虑的方面，这样才能够培养出最适应未来需求的工程学生。

我们怎么样才能将工程学生培养成为走向全球的工程师？不管学生来自哪个地方，我们怎么样做才能够加强他们技术应用的能力？毕业生掌握了设计与研究项目的能力，但到了现实社会中不见得能够进行很好的技术应用。学生的学术成就应当如何应用到社会的发展当中？这需要转化能力，比如跨语言的能力、多文化的意识、团队协作的精神等，是除了所学的专业之外需要掌握的。

我们还需要将跨学科的学习能力融入到工程教育中，包括人工智能、机器人、纳米生物、信息，还有大型的复杂系统等。这些跨学科的领域和工程息息相关，是值得工程学院的老师和管理人员思考的。因为技术的发展会随着经济社会背景而发生变化，也会影响到同期发展的很多其他技术领域。当然，工程师在适应能力上是有优势的，他们有创新精神，有无限的潜力。无论工程师来自哪类学科，我们都希望能够将以上要素融合在学校教育中，希望教育要适应变化。我们也需要随时关注创新前沿领域，从而抓住技术发展的趋势和方向。

我们怎么样把这些技术从实验室应用到社会当中？这里我想举一个例子，就是可穿戴传感器。市场上最需要什么样的传感器？需要实时监测的传感器，能够在水下、太空中实现实时分析等。这就要求我们在学生走向社会的时候教给他们必要的商业知识。

如果一个传感器只停留在实验室研发的层面，确实会产生巨大的影响及学术价值，还可以发表论文。但是，研究者不能忘记使用者是谁，谁从应用当中受益。他们是纳税人，是我们的市民，是消费者。所以，千万不要忘记技术在社会层面上的应用。这也就是为什么说研究人员除了要有科研能力之外，也要有商业知识。

就像大家所熟知的红外，还有紫外传感器领域，我要跟大家讲一下微波这个领域。微波属于低频长波，我们着重于在这个领域进行传感器研究是因为相对来说，它比较经济，比较便宜。微波广泛使用在 WIFI 上，有很好的穿透性，也不会对物质发生化学反应。微波也可以用于煮熟食物，而且它所需要的电力是比较小的。在微波形成的电磁场中，我们的目标可以和场进行相互作用，产生特定的波。我们通过检测获得所需要的信息。最重要的一点就是这种方式十分可靠而且可以重复使用。

有些传感器是比较灵活的，是无线的，可以放在衣服上对人体进行监测。还有些公司希望开发一些可穿戴设备进行人员监测，有些公司希望用它来收集信息，以便更好地进行市场营销。这类传感器具有非常好的应用性前景，其产生的波谱是非常复杂的，测量不同的材质产生的结果差异很大，需要使用机器学习、深度学习、人工智能等手段进行结果的分析。

还有一些例子，比如英国利物浦的一家医院，院方希望儿童医院能够看起来像个游乐场。医院看起来就像是一个圣诞商场而不像儿童医院，在这里可以看到褐色的地毯上面的压力传感电子垫，这些物料都是可再生的。这是跟微软和利物浦的大学共同合作的项目。宝宝身上的各种传感器可以收集相关测量数据等。这种探测是无线的，不是侵入的。目前也有一些传感器能够帮助糖尿病患者，在不进行刺穿采样的情况下就对他们的身体状况进行监测。还有传感器可以对致病菌进行实时的监测，从而帮助医护人员的工作。

建筑物里面也会使用一些贴线式的传感器，这些小天线可以实时提供相关的信息。只要将它们放在混凝土里面，如果有地震、海啸立刻就可以对建筑物情况进行监测。

让工程学生学习这些工程界所需要的知识，将会带来很好的投资回报，最重要的是让大学的研究真正走向应用。因为是工业政府纳税人所提供的研究基金，所以最后受益人也是他们。传感器的未来是非常广阔的，但是同样有很多的挑战。我们必须要让学生通过教育获得这方面的知识，然后我们把这些问题带到教室中，让学生有更多的动力去学习，让他们更好地学习怎么去解决问题、怎么去分析问题，让他们拥有发散的思维，而不仅仅是考虑到方程和等式。

在此，我要感谢所有的合作伙伴，包括各个大学、政府机构、所有的产业合作伙伴等，还有和我们一起参与研究的同事，谢谢！

埃尔菲德·刘易斯
爱尔兰利默里克大学光纤传感器研究中心主任
Elfed Lewis
Director, Optical Fibre Sensors Research Centre of University of Limerick (Ireland)

埃尔菲德·刘易斯教授于1978年毕业于利物浦大学电气与电子工程专业，获工学学士荣誉学位，并于1987年获得该大学博士学位。他是1996年成立的利默里克大学（University of Limerick）光纤传感器研究中心的副教授兼主任、英国工程技术学会（IET）物理研究所研究员、电气和电子工程师协会（IEEE）高级会员，2008年他曾是佛罗里达中部大学光学与激光教育研究中心（CREOL）的富布赖特学者，2013年7月至2015年6月期间他是电气和电子工程师协会传感器委员会杰出讲师，在爱尔兰利默里克大学举行的2019年电气和电子工程师协会物联网世界论坛担任联合主席，埃尔菲德·刘易斯目前拥有9项光纤传感器设备专利，2005年他曾获得利默里克大学特别研究成果奖，他还撰写并合著了180多篇期刊论文，为国际会议贡献了300余篇文章。

Elfed Lewis graduated with BEng (Hons) in Electrical and Electronic Engineering from Liverpool University in 1978 and was awarded his Ph.D. from the same institution in 1987. He is Associate Professor and Director of the Optical Fibre Sensors Research Centre at University of Limerick, which he founded in 1996. He is Fellow of Institute of Physics, IET and Senior member IEEE. He has authored and co-authored more than 180 journal papers and made in excess of 300 contributions to international conferences. He currently holds 9 patents on Optical Fibre Sensor Devices. In 2005 he was recipient of the University of Limerick Special Achievement in Research Award and was a Fulbright Scholar with CREOL (University of Central Florida) in 2008. He was Distinguished Lecturer for IEEE Sensors Council for the period July 2013-June 2015 and General Co-Chair of the recent IEEE 2019 World Forum on IoT held at University of Limerick, Ireland.

物联网和传感技术在工程教育中的应用

——未来形势包含人工智能和网络安全的混合式学习路径

埃尔菲德·刘易斯

大家好，我发言的主题是“物联网和传感技术在工程教育中的应用”，其中会涉及一些网络学习方法，包括网络安全和人工智能。我会跟大家分享在工程教育中的大体方法，也会关注到过去几年相关领域所发生的变化。

我所在的这个学院是电子和计算机工程学院，我也是光纤传感器研究中心的负责人。在今天分享之前，我先跟大家简单介绍一下我们在研究中心做的一些工作。1997年，我们所在的电子和计算工程学院正式成立，研究领域主要是光纤和通用光学传感、无线传感网络、可持续技术三大领域。研究经费来自多个不同的国家和国际机构。

这几年我们参与的工作涉及哪些领域呢？我们主要的研发方向首先是辐射量的测量，其次是无创光纤测量，以及食品质量的测量、热气流测量、机动车尾气测量以及生物医学压力测量等。这些领域跟今天会议的主题十分契合，所以我想就这些方面进行介绍，大家如果对这些领域以及我们的工作感兴趣，也欢迎大家提问或者联系我们。

今天我可能不会讲项目进程的细节，而重点讲的是为什么我们会在这些领域进行工作。在美国和欧洲的几个主要的传感和物联网的研究领域，研究资金都由Horizon 2020提供。这个基金提供的支持包括5G、大数据、工业数字化、电子健康、电子医疗、未来新型技术、下一代互联网、智能城市、无线欧洲，这也涵盖了我们的研究领域。

接下来我跟大家介绍一些传感和物联网研究项目。首先是一个在爱尔兰以网络安全为主题的本科生的专业项目。项目的研究方向或者研究的专业是网络安全，在利默里克大学，负责人是我在学院和研究中心的一个同事Tom，他一共获得了250万欧元的拨款，要在未来的三年建立一个合作教育项目。另外一个硕士项目主要是为了能够应对人工智能技能短缺的问题，Van博士在负责这个项目，这是我们参与的很成功的一个项目。这两个项目的重点都是为了让我们的学生能够满足未来工业从业的需要，或者说进行进一步研究的技能和学识的需求。

我刚刚说的不仅仅是爱尔兰的问题，肯定也是欧洲的问题、全球的问题。我们极度缺乏互联网安全的专家，没有足够的具备这些技能的人员来保护、响应、缓释我们受到的网络威胁和破坏。那么，网络安全技能的培养要接受哪些挑战呢？第一个是希望能够打通各个学术研究机构之间所设立的这些壁垒、障碍，能够真正地合作起来、协作起来。共同协作来提供支持现代学习者的需求。第二个要应对的挑战就是要共同去开发课程材料，确保企业能够应用这个技能来保护网络和基础设施。还有就是要适应在线教育的需求。疫情的到来让我们措手不及，但从线下到线上的学习发展很快，具有时间的紧迫性。比如说学生的参与程度等都是亟待解决的问题，我们也有解决这些复杂的学习和培训的需求。

第二个项目人工智能（AI）项目，要去考虑用AI做什么。整个项目领域可以包括汽车、信息通信技术、制造、零售、金融、医疗健康和娱乐。AI涉及各种各样的应用领域，都是让AI学生在将来有所作为的领域。这样的项目协作可以更好地为社会服务，让研究生、本科生有更好的学习体验。这个项目主要是由爱尔兰的IDA来供资的。

我们需要一个国家的人工智能发展战略，让所有的大学和产业共同协作，让AI真正地成长起来。在这里再强调一下这些事实。人们说人工智能需要去私密化，而且放在我们日常的日程中，成为爱尔兰机构每天变革议程的一部分。我们找到了6个优先领域，包括在AI上面要有清晰性，要有策略，了解AI是干什么的，要去保证有投资回报，要有AI人才，及共享互信。因为涉及很多道德的问题、数据的问题，包括位置还有标志、机器学习、融合，要把AI和分析以及物联网和其他很多的行业、领域连接在一起。

很多人在这场会议中也提到了，人工智能对于学生来说是一个关键的技能。我们的工作坊用了一年多的时间获得了政府的批准与资助，目前已经完善了对机器学习的理论。由于AI技术相对比较新，我们要确保学生能够有一些基本技能来使用它。此外，学生还需要对现实世界中的问题有实际了解，当然还要有在人工智能上的创新能力，这样也可以让学生在未来应对研究挑战，甚至可以在产业中进行研究。所以它的方式必须具有可持续性，一定要让学生做好能够应对这些领域问题的准备。

要解决这些问题，我们就必须让学生做好准备。我们学院涵盖了大量的硕士生项目，包括人工智能和计算机方向。就研究角度而言，我们有若干的研究培训中心，涵盖了传感相关的博士生教育，目前有260个博士生，对于爱尔兰来说，这个数字是不小的。我们在AI这个领域进行的学生培训，同时可以扩展到很多其他的领域，在网络安全方面我们也有类似这样的工作，那不仅是面向爱尔兰，而是面向全球。

我们最近的两个项目的案例，是非常受欢迎的，而且是非常成功的。希望我们能够用这些项目做一些国际合作的范式。我们在几个项目中已经开展研究和合作，但是我们可以把想法拓展到其他的培训领域，包括物联网方面。我想我们可以有非常成功的实践，更多地服务于社区。非常感谢大家的倾听，谢谢！

安迪·奥古斯蒂
伦敦金斯顿大学科学、工程和计算学院博士学院创始主任
应用物理学和仪器学教授
Andy Augousti
Professor of Applied Physics and Instrumentation, Faculty of Science, Engineering and Computing, Kinston University London

安迪·奥古斯蒂教授是伦敦金斯顿大学应用物理学和仪器学教授，也是该校科学、工程和计算学院博士学院的创始主任，他是一名物理学家、注册工程师、物理研究所研究员，也是多所工程技术研究所和测量与控制研究所的研究员。发表了近150篇学术期刊和会议论文，拥有3项专利，出版过5卷会议论文集。

安迪·奥古斯蒂教授组织过50余场学术会议，主持过多场高水平的学术会议，在英、法、中三国组织和授课50余场专业培训课程。他与中国、印度、爱尔兰、波兰、美国、日本和巴西等多国的国际研究机构有着合作联系，多次得到EPSRC、前英国贸工部、欧盟、英国文化教育协会、英国皇家学会和英国皇家工程院的资助。曾获天津大学校长奖章，以及测控研究所霍尼韦尔国际奖章和卡伦德奖章。

Andy Augousti is a professor of Applied Physics and Instrumentation, and was the founding Director of the Doctoral School of the Faculty of Science, Engineering and Computing at Kingston University. He published nearly 150 refereed journal and conference publications, 3 patents, 5 volumes of edited conference proceedings.

He organized over 50 conferences and meetings, chaired four national conferences, and organized and delivered over 50 short courses in the UK, France and China. He has international research links in China, India, Ireland, Poland, the USA, Japan and Brazil and many work has been funded by the EPSRC, the former DTI, the EU, the British Council, the Royal Society and the Royal Academy of Engineering. He is a Chartered Physicist, a Chartered Engineer, a Fellow of the Institute of Physics, the Institute of Engineering and Technology and the Institute of Measurement and Control. He have been a recipient of the President's Award of Tianjin University, and both the Honeywell International Medal and the Callendar Medal of the Institute of Measurement and Control.

在线工程教育中的工程技术

安迪·奥古斯蒂

大家好，我今天的发言着重于工程学的网上教学相关的情况，然后会跟大家分享一些研究案例。我们现在也是网络会议，我觉得主要是新冠肺炎疫情造成的，所以想花一点时间去考虑一下新冠肺炎疫情之后世界是什么样的。最后会以我个人的一些观点来进行总结，并且给大家提供一些讨论的时间。

显而易见，我们现在生活的时代需要越来越多的工程学科毕业生，他们需要掌握跨学科的技能。除了学校里的培训之外，我们需要让技术更具有可获得性。事实上我们很幸运新冠肺炎疫情直到现在才发生，因为如果是5年前发生的话，我都无法想象能有这样的成熟的线上会议模式。缺少了线上课堂，教育内容也会更加地受限。在这里我还想去强调一点，就是我们现在面临的教育转型，接下来我还会详细叙述。不过远程教育中要提供什么样的内容也至关重要，近年来大多数的线上教学材料并不是最新的。英国的开放大学是英国最大的大学，有10万多名学生，提供非常高质量的远程学习内容已经有50多年了，线上学习也进行了超过25年的时间。最近，越来越多的在线教育供应方陆续出现，我们可以看到在线教育有着非常广泛的商业模式，包括网络环境的搭建、非营利性组织的参与等。在线教育超越了我们传统的讲授性的教育方式，给我们打开了很多的可能性，包括在线示范互动型的网络虚拟实验室，甚至是远程控制的真实实验室。后者不是虚拟的，它能够去进行动态的输入，从而进行远程的控制。还有比如说基于套件的教学方式，这个套件可以远程地由使用者去进行选择。比如说像关于如何进行网络教学的这些学习套件，用于教学使用的套件和教学控制的套件。

在这里我想给大家引用一段2005年的文字，但是其实与现在是非常相关的。“毋庸置疑的是，工程的主要目的一直以来都是有章法地改造自然以实现人类的利益。目前越来越多的工程师通过计算机终端来实现这一目标。尽管如此，大多数工程教育工作者都同意学生必须和自然有一定的接触，至少是他们相信自己已经接触过自然。他们需要持续的讨论和进一步的研究，以确定实现这些目标最有效的方法。”那么这个其实是你能够学多少、你应该学多少的这样一个问题的探讨。

虚拟实验室或称网络实验室的最常见用途是提供理论模型，而不会让学生因为现实的、嘈杂的、非线性的数据而感到困惑。我们开发和测试一个程序时，在真实环境中使用前，我们可以在这些网络实验室当中对这个程序进行开发和测试。对于这种模拟环节我们要做的事情就是要提供非常好的GUI，就是友好的图形用户界面，比如说3D的图像，动画的控制，电路器、电路板，控制面板，还有其他的很多工具。换言之，要有非常丰富的视觉内容。除了图形用户界面之外，网络实验室还需要一个非常成熟的科学和数学的模型，比如说可能要LabVIEW、MatLab来编写。还有一个要素是通信协议，比如说JAVA语言能够在数学模型和数据模型之间进行交互。理想情况下的仿真，应当支持动态调整参数，同时动态产生结果。一个好的远程在线互动教学材料应当具备以上的特征。我们还需要一些跨学科的技能，比如说国际自动控制联合会（IFAC）创造了一个动画控制系统并附带了一些教学材料。这个程序通过使用Flash和MatLab来进行创建并展示成果，形象地展示了一些学习过程中重要的控制理论，比如说一阶二阶系统的行为、误差，反馈系统的稳定性，以及根轨迹法、奈奎斯特图等方面。

采用远程控制方式进行实验其实在25年前就有例子，首次运行是在1995年。那里面的几个主要步骤就包括介绍测量控制功能的在线手册、多媒体的动画、远程控制参数以及图像回传功能等。要提供这些资源其实成本是很高的，所以需要几个大学来共享资源。目前有一些在线开放的慕课课程，参与之后能够拿到“微学位”，十分灵活。今天参加讲座的大多数人，至少是本次论坛参加演讲的教授们，我们的教育都有着非常具体的方式，如通过进行这种面对面的讲授，或者是在学校或在实验室中进行的教育。而目前我们处在一个过渡的时间阶段，我们叫作混合学习的过渡期。混合包括了提前录制好传统的、基于内容的、讲授性的教学方式和在线互动的教学方式的结合。

混合教育的内容供应商也有很多不同的形式。印度的一个机构NPTEL，受到印度政府所资助，主要是通过以一些事先录制好的视频的形式进行线上教学，而这也是目前线上教学的主要形式。另外一个组织EdX，它是一个框架的组织，其中包含大量顶级大学，该组织也主要由美国大学所资助。这个组织中包括了哈佛大学、麻省理工学院、罗切斯特理工学院、加州大学伯克利分校等。这个平台是需要交学费的，一共是有3000门以上的课程，主要是工程领域的课程，所以它们的资源也非常的棒。第三个是 Coursera，这个跟 EdX 很相似，一共有200个大学参与到这样一个联盟当中，包括伦敦的 ICST 大学、斯坦福大学、宾州大学，还有谷歌公司。行业组织也参与到了这样一个联盟当中，那么它跟其他的组织不同的是它所覆盖的领域可能更多地包括了计算机科学，还有金融等。又比如说 UDACIY 平台，跟 Coursera 也比较相似。还有一个 MIT Open Course Ware（MITOCW）平台，是 MIT 的一个开放课程，但是你需要买教科书才能学习这些课程。还有斯坦福大学的一个工程在线开放课程，它和 MITOCW 非常相似，但是它所涉及的领域要窄一些。目前该平台与工程相关的领域非常少。HarvardX 和 MITOCW 也非常相似，涉及的领域也非常广，但是并不是完全针对工程。

最后想跟大家说一下新冠肺炎疫情对工程教育的影响。我们目前处在一个混合型工程教育的过渡期，现在有很多的教学学习材料都是线上进行开发的。新冠肺炎疫情的发生加速了这样的一个过渡和转换。许多的科研机构都加快了开发在线教学材料的速度，越早开始行动的机构越具有优势。混合教育同样具有一些挑战，目前很多平台的开发还不够成熟，可持续利用的学习资源的设计需要一定的时间，线上的模式也对团队合作提出了新的挑战。所以我觉得在我们现在的转型过程中，要用许多年的时间来验证我们过渡期间的有效性，需要有更长的学习平台开发周期，还需要有全球性的合作伙伴。谢谢大家，我的发言到此结束。

巴勃罗·奥特罗

西班牙马拉加大学海洋工程研究所所长

Pablo Otero

Head of the Oceanic Engineering Research Institute of the University of Malaga, Malaga, Spain

巴勃罗·奥特罗教授于1983年在西班牙马德里理工大学获得电信工程硕士学位，并于1998年获得瑞士洛桑联邦理工学院（EPFL）博士学位。从1983年到1995年，他在西班牙公司 Standard Electrica、EN Bazan、Telefonica 工作，同时任教于西班牙塞维利亚大学，从事通信和雷达系统方面的研究工作并发表演讲。1996年，他加入西班牙政府批准的电磁与声学实验室 EPFL。1998年他正式加入西班牙马拉加大学，成为副教授和海洋工程研究所所长。

P. Otero received the M.Eng. degree in Telecommunications Engineering from the Polytechnic University of Madrid, Spain, in 1983, and the Ph.D. degree from the Swiss Federal Institute of Technology (EPFL) , Lausanne, Switzerland, in 1998. From 1983 to 1995, he was with Spanish Companies Standard Electrica, EN Bazan, Telefonica, and also with the University of Seville, Seville, Spain, where he was involved with and lectured on communications and radar systems. In 1996, he joined the Laboratory of Electromagnetism and Acoustics, EPFL, granted by the Spanish Government. In 1998, he joined the University of Malaga, Malaga, Spain, where he is Associate Professor and Head of the Oceanic Engineering Research Institute.

海洋工程研究与水下物联网

巴勃罗·奥特罗

大家好。我是巴勃罗·奥特罗，西班牙马拉加大学海洋工程研究所所长。我今天的分享主题是水下物联网，简要介绍马拉加大学，还有我们所在的通信工程学院海洋工程研究所。随后我将介绍水下环境物质以及水下物联网的概念。最后和大家分享工程技术难点和挑战。

马拉加是一个非常老的城市，到现在已经有2500多年的历史了。在过去，它并不是一个很重要的城市，后来随着20世纪60年代旅游业的发展，它发展得越来越大了。如今的马拉加有很多国际公司的代表处或者工厂，有很多的欧洲退休公民决定来到马拉加享受他们的退休生活，这也许是由于这里的气候非常的好。我们是一个多文化的城市，有100万人口，是西班牙第五大城市。我们有国际机场和海港，同时我们的海岸线也是在西班牙最长的。

虽然我们的城市非常古老，而马拉加大学却是非常新的。原因就像我之前所说的一样，之前马拉加并不是非常重要的城市，随着这个城市变得越来越大，马拉加大学也完成了建造。学校有38000余名学生，有各种不同的学科，例如药物、经济、商务、管理、物理等。学校有4个工程学院，主要分为机械和电器工程学院、计算机工程学院、建筑工程学院，以及我们所在的通信工程学院。我们的基础设施跟其他学校的基础设施相比丝毫不差，我们还有一个科技园区。这对于马拉加大学来说是非常重要的一个园区，我们跟这个园区保持着非常密切的关系。

通信工程学院设有学士学位课程和硕士学位课程，有5个专业，还有一些基础学科，包括通信系统、电气工程、成像技术、计算机网络等。硕士课程结束之后，毕业生就可以直接成为物理工程师。我们每年招收25个博士生。2019年，我们决定建立海洋工程研究所，这是一个特别新的研究机构。原因很简单，因为我们几乎有5000公里的海岸线，一直在与大海打交道，所以我们需要建立起来一个国家级的海洋学中心。活动主要是包括海洋生物学、海洋地质学，同时也会去做一些物理方面的研究等，所以马拉加大学决定把我们所有的工程活动，主要是跟大海有关的都联系起来，包括物理与材料科学、电器学通信以及技术使用者。

研究院是受西班牙的大学相关法规所承认的。作为公立大学，各个学院主要进行教学而不是进行研究，这也是为什么我们的大学要建立起研究学院。这个学院有三个功能：科学研究、技术转移、研究生教育。海洋工程学可以被视为一种跨学科的工程学。非常关键的一点，海洋工程学是一个横跨面非常大的学科。我们现在没有太多的专职教职人员在学院工作。因为在我看来，研究生教育也可以在研究院进行。

在所有上述学科中，水下物联网可能是最后才开展的。水下的东西在人类出现在地球上之前都只有动物和植物。等现代人类出现了之后，人类开始有了一些活动，将很多用于发电或者是通信的声呐放在水里面，水里还有一些用于搭建桥梁等的残留物。人类是生物进化史上最高级的生物，我们需要保护海洋环境。这是水下物联网的目的之一。达到物联网目标，我们面临什么样的挑战？比如说在做工程的时候我们不能忘记海下没有空气这个事实，所以人在水下作业和在水上作业是不一样的。水下没有电源，需要有电线或者发电器这些相应的设备才能够实现水下通电。

水下物联网的应用。水下是一个三维的环境，比如说像这种蜂窝网的应用，我们看到的是2D的。在陆地，因为多数通信都是平面的，飞机飞翔在9000米的高空，从垂直方向上已经是很高的高度，但是从平面上看其实不是。在海洋中，必须以三维角度看，所以这个就改变了我们看问题的方式。在水下可以用电池来传播、通信，但是范围只能在1米范围内，卫星通信也无法使用。现在的定位系统很多都用不了，用光子传播效果也非常差。要进行水下通信的话，我们就不得不依赖声波。但是声波不是最理想的，传播速度低，而且只能在几百米以内。还有水下压力、水下腐蚀的问题、防水外壳的问题没有解决。水面上的防水外壳和在几千米以下这个防水外壳是两个概念。以上是水下通信主要面临和要解决的几个问题。

作为工程师我们要考虑效率，同时还要考虑的就是环境保护和可持续性。之前这两个是相违背的，如果你要考虑到环保和可持续的话，效率可能就会相对低。水下物联网能够帮助我们去实现“一石二鸟”。效率和可持续性未来在哪里？在预测未来的时候大多数的预测都是错的，比如说无人机机群网络，比如基于这种表面卫星的3D蜂窝拓扑或者三个载体波的协同组合。我们离目标还有多远，水下物联网现在还处在婴儿期，它的“哥哥”物联网已经是一个成熟的技术，但是水下的世界是很不一样的，这些方法和技术都不得不进行重新调整。

总之，水下物联网的未来有很好的前景与潜力，我们还需要做很多的工作，还有很多问题需要解决，必须要引起足够的关注。这是我演讲的内容，谢谢大家！

刘 俭

哈尔滨工业大学仪器科学与工程学院院长

LIU Jian

Professor and Dean of School of Instrumentation Science and Engineering, Harbin Institute of Technology; China Member of the Brazilian Academy of Sciences

刘俭，哈尔滨工业大学仪器科学与工程学院院长，第八届国务院学位委员会学科仪器科学与技术学科评议组成员，中国仪器仪表学会常务理事及显微仪器分会副理事长，中国计量测试仪器专业委员会副主任委员，超精密测量技术与仪器工信部重点实验室副主任委员，获得国家技术发明二等奖。

LIU Jian, Professor and Dean of School of Instrumentation Science and Engineering, Harbin Institute of Technology, China. His academic interests lie in the theories and implementations of optical microscopes, in particular the development of optical microscopes, applied optics and optical metrology. He is of membership of Discipline Evaluation Group of the 8th Academic Degrees Committee of the State Council, Council Committee of China Instrument and Control Society.

新兴产业变革与仪器科学工程教育

刘　俭

大家好，我是哈工大仪器科学与工程学院刘俭，今天和大家分享的内容是有关哈工大仪器学院在面向新型产业变革与仪器科学工程教育方面的思考和实践。

哈尔滨工业大学位于中国的东北部，是一所具有百年历史以工程学科为主的大学。今年恰逢哈工大建校一百周年，此时能够参加中国工程教育在线论坛，和来自世界各地的专家学者交流，我感到非常的荣幸。哈工大的仪器科学与技术学科的发展，是从1952年哈工大精密仪器实验室扩建开始。1956年哈工大成立精密工程系，1998年成为中国第一批授予博士学位的博士点，2007年进入首批国家重点建设的行列，2018年成立仪器科学与工程学院，英文简称SIE。我今天的报告准备从科研创新、在校学生的能力创建以及新兴产业的人才需求三个方面和大家交流一下有关工程教育的发展。

在1910年前后，也就是第一次世界大战时期，超精密的含义是指10微米的制造精度；而在1930年前后，也就是第二次世界大战时期，超精密所指的精度达到了1微米；在1950年左右，也就是新中国成立初期，超精密所代表的制造能力极限是0.1微米；进入到2000年之后，纳米精度就成了超精密测量与制造的代名词。我们通过生理感观所能获得的经验知识已经不再是代表科技的前沿，也就是说前沿技术的发展呈现出由经验积累向理论研究的发展趋势，现代科学研究和工业生产自然也就越来越依赖对精密工具的使用。由于我从事有关显微仪器的研究，因此习惯用显微仪器领域的发展来说明工作和学习的体会。比如说2017年获得诺贝尔化学奖的冷冻电镜技术，三位获得者的贡献分别是冷冻技术、计算机图像处理技术以及电子探测技术。这三项贡献如果从单一学科归属来看分别属于化学、计算科学和材料科学，然而冷冻电镜是一种尖端、精密的科学仪器，也属于工程科学领域。这个例子说明仪器科学的工程教育，反映出仪器科学的工程发展将与基础科学相融合的趋势。

2018年，哈工大的仪器学院成立之后，开展本科、硕士和博士培养，成体系地增加了声学课程体系，这一点在中国的仪器学科领域当中或许应该是唯一的一个探索和实践。我们在知识体系中重点对接基础理学的内容，包括纳米技术、材料和生命科学。这个探索取得了一些回应。在2020年，仪器学院有关超声材料的研究工作发表在 *Nature Materials* 上面，还有一项有关超表面技术的应用发表在 *Nature Communications* 上面。这两篇文章的发表或许在一定程度上反映了哈工大仪器学院发展和变化，我们特别期待这样的探索发展模式能够对学生产生更深远的影响，也期待今后接受工程教育的同学能够越来越具有科学性，期待学科专业发展兼顾理学特性、理工融合这样交叉发展的特色和趋势。

除了有关课程体系和研究人员知识体系变化的改革之外，仪器学院还非常关注学生的训练平台的建设。随着国家新兴产业快速蓬勃的发展，很多新兴概念在大学的试点平台中得到体现，让学生得到更多实践。仪器学院与企业进行合作，正在建立新的精密仪器的训练平台。新的平台包括最新的三维纳米坐标测量机以及多传感器光学影响测量仪等，为同学们新知识、新技能训练提供场所和设备的保障。

我们将虚拟现实等技术用到学生的实践平台中，特别加强了互联网技术的应用。因此实训平台也面向智能工厂、智慧城市等领域为学生提供实践的训练。在这样的平台当中学生可以感受到 AR、VR 这样的技术引入到课程学习中，同时也为互联网技术的应用提供了很好的实践平台。

2020年哈工大依照新的招生办法招生，也就是本科学生在进入大学一年之后再选择专业。在今年的专业选择填报情况中，仪器学院报名人数是超出计划最多的，也就是在四个专业领域相近的学院当中热门程度最高的。学生对新兴产业发展的了解程度往往是高出我们想象的。我们所处的时代是一个快速发展的时代，如何改变传统的思路是我们现在正在面临的要迫切需要解决的大问题，也特别希望能都得到政府和社会企业的关注，这也是我们在学校的建设发展中校企合作的很重要的契机。

我从中国新兴产业对工程教育人才的需求来介绍发展情况。表1列出了中国十个新兴产业的人才需求预测分析，包括信息产业、机器人和预加工、航空航天工程、海洋工程、高速铁路、新能源与再利用车、电气工程、智慧农业、新材料、生物医药和仪器等。如表1所示，每个领域都存在很大的人才需求缺口，公共教育的人才输出规模和培养质量也必将成为未来一个时期制约新兴产业发展的重要因素。工程教育的重要性是不言而喻的。尽管我国本科生数量不少，但是和新兴产业快速崛起的人才需求相比，我们现有培养能力的发展规模与需求仍然是严重滞后的。

表1 中国十个新兴产业人才需求预测分析图

新兴产业的人才需求

（百万）

	十个行业	2015	2020		2025	
		总人才	总预测	差距预测	总预测数	差距预测
1	信息产业	105	180	750	200	950
2	机器人和预加工	450	750	300	900	450
3	航空航天工程	049	068	019	096	047
4	海洋工程	102	118	016	128	026
5	高速铁路	032	038	006	043	010
6	新能源与再利用	017	085	068	012	103
7	电气工程	822	123	411	173	909
8	智慧农业	028	045	017	072	044
9	新材料	600	900	300	100	400
10	生物医药和仪器	055	080	025	1	045

在这里特别指出一点，这也是我国的特殊情况。目前我国工程教育应对新兴产业崛起还有一个复杂的影响因素。我国各地区经济发展不平衡，存在人口迁移动态的发展情况。比如根据2017年的数据，东北三省的人口持续南迁，广东省新增人口达到150万，四川省新增人口达到58万。大规模的人口迁移反映出很多毕业生的就业优先选择是宜居城市，而不是以技能优势和职业发展为导向的城市。这就意味着很多人经过多年的学习并不从事本专业工作，这会带来社会工程教育总成本大幅度增加。区域的人口竞争和产业间的人才竞争问题会带来择业的盲目性，这也是今天中国工程教育需要思考和应对的问题。

最后用三方面的总结来结束今天的报告。第一，就高校自身的建设和发展而言，升级人才培养知识体系和育人体系是非常迫切的，一方面我们急需拓展规模，但另一方面在质量上我们也面临巨大的压力。所以在新兴产业蓬勃发展和变革的时代，教育体系的自我更新急需得到政府和社会企业的关注和支持。第二，在全球新兴产业变革的时代，我们应该持续拓展工程教育的规模，以适应社会的发展，同时也应该加强工程教育的国际认证。促进人才的流通与互动，同全球的人才培养与全球产业一体化的发展趋势要相适应。第三，人才作为社会最宝贵的产业资源，应该尽可能地提高专业认同度和专业忠诚度，从而减少盲目择业带来的资源浪费。这或许也是我们能够缓解人才供需矛盾的一个层面。谢谢大家。

第二届国际工程教育论坛

The 2nd International Forum on Engineering Education

2020年12月2-4日 Dec. 2-4，2020

分组论坛B3
Panel B3

面向可持续发展的工程教育
Engineering Education for Sustainable Development

December 4, 2020 CST 20:00-23:00

Organizer
International Center for Engineering Education under the Auspices of UNESCO (ICEE)

分论坛介绍

工程教育在实现联合国可持续发展目标（SDGs）方面发挥着极其重要的作用。推动高质量和包容性的工程教育支持可持续发展，需要各国教育机构、企业，以及资金、人才和基础设施等方面的支持。为实现2030联合国可持续发展目标，我们迫切需要聆听来自世界范围内的各个领域的声音，并积极采取有效措施。为充分展示可持续发展的工程教育，积极推动工程教育改革并实现可持续发展目标，本次研讨会聚焦面向可持续发展的工程教育，邀请了来自包括联合国教科文组织、世界工程组织联合会、国际工程联盟等方面的专家，以及大学校长、科研机构负责人和企业家齐聚线上，共同探讨工程教育当前面临的挑战和未来的发展趋势。

Panel Introduction

Engineering education plays an extremely important role in achieving the United Nations' Sustainable Development Goals (SDGs) . To promote high-quality and inclusive engineering education to support sustainable development requires the support of educational institutions and enterprises in terms of funds, talent and infrastructure from countries. In order to achieve the 2030 UN sustainable development goals, we urgently need to listen to the voices from all over the world and actively take effective measures. In order to fully demonstrate the sustainable development of engineering education, actively promote the reform of engineering education and achieve the goal of sustainable development, the seminar focused on Engineering Education for Sustainable Development (EESD) , invited experts from UNESCO, World Federation of Engineering Organizations (WFEO) , International Engineering Alliance (IEA) , universities, scientific research institutions and enterpriser gathered online, to discuss the current challenges and future development trend of engineering education.

承办单位简介

概述

联合国教科文组织国际工程教育中心（ICEE）由中国工程院和清华大学联合申请，经2015年11月联合国教科文组织第38届成员国大会批准设立。2016年6月6日，国际工程教育中心签约暨揭牌仪式在北京举行，时任中国工程院院长周济和联合国教科文组织总干事博科娃分别代表中国政府和联合国教科文组织签署协议。清华大学校长邱勇为中心理事长，教育部原副部长吴启迪为中心副理事长及主任。

愿景

致力于构建以平等、包容、发展、共赢为基础的全球工程教育共同体，支撑经济社会的可持续发展，推动人类共同文明和进步。

使命

围绕世界各国特别是发展中国家的工程教育质量与公平重大议题，坚持创新驱动和产学合作，将中心建设成为智库型研究咨询中心、高水平人才培养基地和国际化交流平台。

About the Organizer

OVERVIEW

As a Category II center of UNESCO, the International Center for Engineering Education under the Auspices of UNESCO (ICEE) was unveiled in Beijing on June 6, 2016. ICEE was proposed jointly by Chinese Academy of Engineering (CAE) , a national consulting organization in engineering science and technology in China, and Tsinghua University, a top university well known in engineering science education. Zhou Ji, the then President of the Chinese Academy of

Engineering, and Irina Bokova, the then Director-General of UNESCO signed the agreement on behalf of the Chinese government and UNESCO respectively. Qiu Yong, President of Tsinghua University is Chairperson of the Governing Board of ICEE, Wu Qili, former vice minister of Education in China is vice Chairperson of the Governing Board and director of ICEE.

VISION

ICEE is committed to building itself into an equal, inclusive, developmental and win-win engineering education community for the promotion of quality and equity in engineering education amongst countries in the world.

MISSION

ICEE aims to be a think-tank for policy research, an incubator for high-caliber personnel, and an exchange and cooperation platform in global engineering education.

分论坛主持

主持人 Chair

吴启迪

联合国教科文组织国际工程教育中心（ICEE）主任、教育部原副部长

WU Qidi

Director, International Center for Engineering Education under the Auspices of UNESCO; Former Vice Minister of Education, China

吴启迪，联合国教科文组织国际工程教育中心主任，教育部原副部长，同济大学前校长，中国工程教育专业认证协会前任理事长。吴启迪教授长期从事控制理论、控制工程和管理工程领域的教学、科研和管理工作。曾获联邦德国大十字勋章。清华大学通信技术专业本科毕业。获清华大学自动控制专业硕士学位、瑞士联邦苏黎世理工学院电子工程博士学位。

WU Qidi, Director of International Center for Engineering Education under the Auspices of UNESCO (ICEE) . Previously, she served as Vice Minister of Education, President of Tongji University, and Chairperson of Governing Board, China Engineering Education Accreditation Association. Professor Wu has long been engaged in teaching, research and management in the fields of control theory, control engineering and management engineering. She was awarded the Grand Cross of the Order of Merit of the Federal Republic of Germany. She graduated from Tsinghua University with an undergraduate degree in communication technology. She received her Master's degree in automatic control from Tsinghua University and her PhD in electrical engineering from the Swiss Federal Institute of Technology Zurich.

袁 驷
清华大学校务委员会副主任、清华大学原副校长
YUAN Si
Vice Chairperson of Tsinghua University Council; Former Vice President of Tsinghua University

袁驷，联合国教科文组织国际工程教育中心执行主任，清华大学校务委员会副主任，清华大学土木工程系教授。全国人大常务委员会委员，全国人大环境与资源保护委员会副主任。曾任清华大学副校长、清华大学土木水利学院院长。

YUAN Si, Executive Director of ICEE under the auspices of UNESCO, Deputy Director of the Council of Tsinghua University and professor of Civil Engineering Department of Tsinghua University. Member of the Standing Committee and Deputy Director of the Environment and Resources Protection Committee of the National People's Congress. He served as Vice President of Tsinghua University and Dean of School of Civil Engineering of Tsinghua University.

佩琪・奥蒂 – 博阿滕

联合国教科文组织科学政策与能力建设部主任

Peggy OTI-BOATENG

Director, Division of Science Policy and Capacity-Building, UNESCO

佩琪・奥蒂 – 博阿滕，联合国教科文组织科学部门科学政策与能力建设部主任。佩琪博士曾在联合国教科文组织哈拉雷（津巴布韦）多部门区域办事处任科学和技术高级项目专家，负责与科学政策和基础科学有关的计划和项目。她还曾担任非洲科学技术部长级会议的联络人，并担任南部非洲发展共同体科学部门的负责人。佩琪博士拥有澳大利亚阿德雷德大学的食品科学与技术博士学位、克瓦米・恩克鲁玛科技大学（加纳）的生物化学专业硕士学位。

Peggy OTI-BOATENG, Director of the Division of Science Policy and Capacity Building in the Natural Sciences Sector at UNESCO. Dr. OTI-BOATENG previously served as the Senior Programme Specialist for Science and Technology, responsible for projects and programmes relating to science policy and basic sciences at the multisectoral regional office of UNESCO in Harare (Zimbabwe) . She has also served as focal point for the African Ministerial Conference on Science and Technology and was the Head of the Sciences Sector for the Southern African Development Community. Dr. Oti-BOATENG holds a Ph.D. in Food Science and Technology obtained from Adelaide University in Australia and an MSc, with a specialization in Biochemistry, obtained from the Kwame Nkrumah University of Science and Technology in Kumasi (Ghana) .

联合国教科文组织在行动

佩琪·奥蒂-博阿滕

非常感谢各位，非常感谢主办方今天举行了这个会议。非常高兴有机会来到这里，也非常高兴能够在线上跟各位同事见面。希望下一届开会的时候我们能够在线下相见。今天我和大家分享的主题是工程教育。

联合国教科文组织（UNESCO）刚刚庆祝成立75周年。我们将持续推进工程教育，因为工程教育比以前更加重要了。“二战”之后出现了婴儿潮，人口进一步上升。自那时我们就希望加强教育，有更多科学方面的合作，有更多文化之间的理解，有更加自由的表达方式。所以UNESCO采取了相关措施实现我们的目标。比如利用更多的实验室来确定相关目标，我们希望能够在全球范围内开展更多合作以及能力建设。比如在工程教育方面加强国际合作，就是我们一直非常关注的问题。联合国教科文组织认为未来几年工程教育是非常重要的，现在UNESCO已经有190多个成员国，我们希望在工程教育方面有更多的合作。同时，我们认为教育以及工程教育方面的合作是我们在国际合作方面非常重要的催化剂，这方面的努力之前做得不太充分。

联合国教科文组织的目标是希望采用综合的政策，解决我们在社会环境以及经济发展方面的问题，进一步推动可持续发展。科学以及工程政策不仅仅体现在国际层面，在地区层面也是非常重要的。有了国际以及地区间的科学合作，公众可以更好地了解科学，也能让科学发挥更大的作用来促进整体的发展。联合国教科文组织一共有193个成员国、11个会员组织，需要在全球范围内建设一个具有整合和组织能力的工程教育培训平台。

联合国教科文组织希望在全球范围内促进工程教育。工程教育是推动可持续发展的一个非常重要的机会。联合国设立了可持续发展目标，我们要使用更具有创新性的方式来实现它。我们所采用的解决方案应该是更加有效、透明的，能够创建一个生机勃勃的科学以及工程的共同体，能够在全球或者社会领域来推动工程教育。

工程和很多重要的议题息息相关，工程教育一定要考虑到这一点，比如气候变化和环境保护等。我们希望工程教育有助于解决这些问题。到目前为止我们面临着怎样的挑战？尤其在工程教育上面临怎样的挑战？首先，年轻人对工程学的兴趣不高。我们希望能够进一步提升年轻人学习工程学或者对未来从事工程师的兴趣，尤其是提升年轻女性对这方面的兴趣。我们要考虑解决这个问题，就要将工程学重新定位，从而利用工程学实现社会的可持续发展。其次，需要更多的数据。数据可以发现更多的机会，使我们向正确的方向发展。目前，数据相对较少，尤其工程教育数据更少。我们需要积累更多的数据更好地进行创新，从而出台更多相关政策。工程教育应该更多创新，解决我们所面临的全球挑战。工程教育自身的改进也需要创新。

联合国教科文组织在人类能力建设方面付出了很多努力，希望能够加强工程教育、培训或者职业继续教育，还要保证其质量以及认证和标准的推进。

同时，我们要加强机构能力发展，更好地实现发展。在这部分，不仅仅需要提供更多的合作机会，还要提供知识分享的机会。我们希望开展更多的合作项目，也希望构建相关的合作机制来实现可持续发展目标。丹麦奥尔堡大学有国际问题解决中心（PBL Centre），有关于基于问题的学习方式的中心。中国北京有国际工程科技知识中心（IKCEST）以及国际工程教育中心（ICEE）。俄罗斯圣彼得堡有关于国际采矿工程教育能力中心（International Competence Centre for Mining-Engineering Education）。我认为这些都是能够让不同学校或者不同学生加入进来学习工程的非常重要的平台。

IKCEST涉及政策、科学等，ICEE也提供了非常重要的平台，希望能够对整个人类发展做出贡献。联合国教科文组织在平台建设方面起到了非常重要的作用，例如非洲和拉丁美洲等有很多卓越的中心相继建立起来。俄罗斯的国际采矿工程教育能力中心的建立，涉及采矿工程教育的可持续发展。我们希望通过这个中心能够解决像性别平等等方面的问题。目前，已有数千人参与到该中心的学习之中。我们也希望有更多的年轻人参与工程学习。

我们一起展望未来。第一，工程教育要应对全球挑战。联合国可持续发展目标一共有17个，目前有很多问题我们还需要解决，如食品、能源、基础建设等。我们怎样做才能实现这些目标，需要进一步思考。第二，理论及标准。这两项是非常关键的，联合国教科文组织有两个非常重要的认证机构，我们希望借此来帮助更多的发展中国家。第三，数据和统计。第四，投资工程教育。第五，开展工程能力建设（开发工具包、远程在线课程等）。工程教育在线学习、远程学习或将成为新常态。第六，加强国际合作。联合国教科文组织希望构建合作平台，与大家进行更多的合作。这就需要有数据作为基础，基于数据我们可以做更多决定，例如未来需要多少工程师，怎样提供工程教育等。

我们需要鼓励学生的一些竞争。我们要去激发新一代，让他们在我们的支持下展现出工程教育更好的未来。所以我们也邀请大家加入到UNESCO的科学和工程合作伙伴关系的网络中来。

最后我想做以下结论。所有的社会都在寻找新的动力来源，消除贫困，建立可持续和持久的和平发展。基于这样的目标，UENSCO需要不断深化工程科学和技术。鉴于当代全球挑战的复杂性，例如资源的可持续消耗和适应气候变化，支持和投资男女工程教育都对改善社会至关重要。未来工程师的教育培训是非常重要的，我们应以发展创新的解决方案来应对这些挑战，并提高人类的生活质量。世界需要更多的工程师、技术人员和技师，就要求我们从教学和获取数据开始，让政府更好地理解为什么未来需要更多工程师。加强南南合作和南北合作共同实现联合国可持续发展目标。

为了实现可持续发展目标，工程教育是重中之重，是真正的核心所在。所以我们需要具有动态的、创新性的、多边的、全球的工程教育，这也是我们解决所有挑战的关键所在。感谢大家的聆听，谢谢。

马琳·坎加
世界工程组织联合会(WFEO)前任主席
Marlene KANGA
Past President, World Federation of Engineering Organizations

马琳·坎加，世界工程组织联合会(WFEO)前任主席，2013年澳大利亚工程师协会主席，澳大利亚技术工程院院士。坎加博士荣获澳大利亚勋章，以表彰她在工程专业领域的领导作用。她被列为20世纪为澳大利亚做出贡献的100名工程师之一，以及澳大利亚最具影响力的100名女性和前10名女性工程师之一。作为世界工程联合会主席，坎加博士成功倡议每年3月4日为世界可持续发展工程日。她是澳大利亚公用事业、航空运输和创新领域组织的理事会成员。

Marlene KANGA, the Immediate Past President of the World Federation of Engineering Organisations (WFEO) , the peak body for engineering institutions internationally representing some 100 engineering institutions and approximately 30 million engineers. A chemical engineer, she was the 2013 National President of Engineers Australia. She is a member of the Australian Academy of Technology and Engineering. Dr. KANGA is a Member of the Order of Australia, a national honor, in recognition of her leadership of the engineering profession. She has been listed among the 100 engineers making a contribution to Australia in the last century and among the Top 100 Women of Influence and one of the Top 10 women engineers in Australia. As President of WFEO, Dr. KANGA led the successful initiative for the member states at UNESCO to declare the 4th March as World Engineering Day for Sustainable Development, creating greater social visibility for engineering and for sustainable development. She also led many other projects on the importance and impact of advanced engineering technologies for sustainable development. She is a board member of some of the largest organizations in Australia in the utilities, air transport and innovation sectors.

面向未来工程师的毕业生属性和职业能力（GAPC）框架

马琳·坎加

非常感谢吴主任，我很荣幸能来参加这个会议，能够见到UNESCO的佩琪博士，见到来自国际工程联盟（IEA）的伊丽莎白女士。

今天和大家分享一下国际工程教育基准的回顾。与此同时，为了未来可持续发展的工程能力的培养，UNESCO和世界工程组织联合会以及国际工程联盟共同提出了一个倡议。非常荣幸能够代表世界工程组织联合会来进行演讲。世界工程组织联合会是一个非常重要的组织，1968年在UNESCO的支持和资助下成立，包括100多个国家级的专业工程研究院，有超过12个国际和国内的支持机构，这是机构在全球的分布。

在UNESCO，我们有一些非政府组织从事相关工程方面的工作。我们在其他的联合国组织中也有席位。对于世界工程组织联合会来说，最为主要的目标是促进工程能力的建设，从而促进联合国可持续发展目标（SDGs）的实现。要确保我们有更多的具有合适技能的工程师，为可持续发展提供持续的解决方案。该目标与UNESCO的目标是高度一致的。

我们的目标就是要确保工程专业的毕业生具备这种专业能力和特质，能够满足现在以及未来的工作需要，满足各个社区还有行业发展的需要。我们要与国内和国际的合作伙伴一起来实现这样的目标。这也是为什么我们希望能够提供高质量的教育，第4个和第17个目标就是为此形成合作伙伴关系。

2018年3月7日，世界工程组织联合会（WFEO）和UNESCO共同签订了宣言。这个宣言承诺我们将促进工程教育的发展，实现SDG，提升工程毕业生的质量，提升全球工程教育标准，支持一系列工程教育体系的发展等。

通过强有力的工程教育机构来实现能力建设。我们也和IEA国际工程联盟进行合作，共同提出宣言和倡议，承诺我们将共同努力来提升工程教育方面的能力建设。

设在清华大学的国际教育中心也是我们非常重要的一个合作机构。第二部UNESCO的工程报告《工程——支持可持续发展》提出来一些相关的建议，比如政府还有工程教育者、行业专业的工程机构需要合作来提升工程师的数量还有质量。我们必须合作，携手发展国际工程教育的基准，从而实现可持续发展。这点必须得到全球的共识和认可，尤其在亚洲、非洲以及拉丁美洲国家要在工程教育的系统之上，赋予工程师合适的技能。

这个项目是我们和其他国际组织伙伴共同完成的，因为我们具有共同的目标，就是致力于实现教育培训以及可持续发展。我们与组织签署了谅解备忘录，还与IEA、ICEE、IFEES等组织达成了合作伙伴关系。国际工程联盟是一个非常重要的组织，能够为相关协议提供多边的支持和能力建设，涉及30多个国家，是非常重要的。所以WFEO和IEA之间的合作也是源远流长。其中包括非常重要的一些协议，例如华盛顿协议、悉尼协议、都柏林协议。华盛顿协议涉及专业工程师四至五年的教育，悉尼协议涉及工程技师三至四年的教育，都柏林协议涉及工程技术人员两年的教育。

IEA建立起来相应的标准和基准，使工程专业的学生毕业之后可以具备相应的能力从事相关工作。WFEO和IEA签订了谅解备忘录，其中也包括IEA的签约国，还包括WFEO的成员。

全球基准协议主要是用作工程毕业生相关成果的鉴定，也可以看到他们在社会需求的满足方面和新思维方面的一些做法，其中包括联合国的可持续发展目标、多元化还有包容性，快速变化的技术环境，还有伦理、终身学习、批判性思维、创新等等。UNESCO对于这方面是非常关注的，之前佩琪博士的演讲中也谈到这些方面。另外我们也对工程毕业生还有同业者设立了一些新的全球基准目标，就是要实现终身学习。WFEO的成员也会在这个相关框架之下进行磋商，并且获得相应的反馈。

WFEO和IEA工作组包括，由IEA提名的主席Ari Bulent Ozguler博士、IEA的成员、WFEO的成员。其中，WFEO的成员包括我，ICEE的王孙禺教授以及ICEE的其他成员康金城、乔伟峰、徐立辉等；还包括来自缅甸的Charile Than，来自美国的Michael Milligan。

我们拟定的第一个草案是在IEA的年会上通过的，现在我们正在和合作伙伴进行磋商，最终稿将于2021年的6月份在IEA的年会上进行发布。

分享一下关于GAPC的基准框架。GAPC是通用声明，适用于所有工程学科；能够针对毕业生进行评估，分析其潜在能力；能够记录毕业生毕业后的专业能力，以整体方式表现所需的能力要素；能够判断毕业生是否具备成为工程师、技术人员和技工所需要具备的技能。

GAPC 不是国际标准而是一个实质等效的基准，是为了能够解决相关问题和评估对于相关问题的平等性而设立的。所以，GAPC 不是描述性的，是可以应用到所有工程相关的学科中的。采用的方法就是研究当前全球工程教育的主要情况，寻求 IEA 也就是国际工程联盟签约国的相关意见，注重学科独立的特点既适用于各个学科，确保任何修改都具有“可评估的”属性和能力，也希望整个框架是可以随着需求的变化而进行微调。

我们再来分析未来工程师所需要的新兴工程学科和技能，如核心知识和技能、特定学科知识、可迁移技能，IT 技能，如代码编写能力，3D 打印技术或者相关数字技术的能力，以及沟通能力等。另外还涉及一些由数据所驱动的分析能力，是不是能够利用数字技术来进行进一步的学习等。同时，也要考虑到未来工程师是否能够接受继续培训或者具有跨学科学习的能力，能否解决比较复杂的工程问题，要找到融入式的、包容性的、可持续发展的解决办法。希望工程师未来能够与不同团队合作，也能够使用远程的虚拟方式进行合作，还要进行机械学习、自动化学习和人工智能学习等。

上述都是非常重要的能力。以土木工程及相关技术举例，我们认为现在土木工程教育做得非常好，目前90% 的土木工程工作都具有其规范和标准。我们再来审视一下颠覆性技术在土木工程当中的应用。比如使用人工智能技术进行自动化设计完成代码的撰写，要进行信息管理，进行3D 打印，进行团队云协作或自动化，进行数据分析。

我们认为这种数字化技术未来将得到更多应用。现在很多工程和课程也都提供数字化的平台或者是技术。在全球范围内，工程师要完成的更多是脑力工作而不是体力工作，这样才能进一步推动可持续发展。我认为工程教育变革的关键领域包括更加先进的技术和学科。要把联合国的可持续发展目标纳入进来，要找到工程方面的解决方案来应对这些目标。从技术、环境、社会、文化、经济以及金融的各个角度承担我们相应的责任。在团队、沟通、合规、环境、法律等系统中考虑多样性和包容性。强调批判性思维和创新过程的设计和开发解决方案，要具有创造力和创新性。

GEPC 框架有五个表格，第一个涉及解决问题的能力范围，第二个涉及工程的相关内容，第三个涉及知识及态度，第四个涉及毕业生的属性及素质，第五个涉及专业能力的相关内容。

这里重点讲毕业生属性相关的内容。毕业生需要经过三至四年学习后才能成为专业工程师，一般会进行四至五年的学习才能拿到相关学位。我和大家分享毕业生的十二点属性或素质，这其中包括知识领域的五个方面，工程师和社会的三个方面，工作方式的四个方面。华盛顿协议的部分内容工作组已经进行修订。工程知识修改的部分主要强调利用计算机相关知识对复杂问题的分析。对于复杂的问题工作组加入综合的方式实现可持续的发展。对于解决方案的设计及发展，需要考虑造价、成本、零排放等。涉及工程师的知识，工作组新加入利用数据建模以及计算相关技术。关于社会及工程师，我们加入大背景知识以及利益相关者的咨询，要考虑对可持续发展造成的影响，还可能涉及工程师在制订解决方案时需加入对生活的影响。我们还要考虑到人类文化、经济社会的影响以及全球责任，这是非常重要的一点，之前佩琪博士也谈及过。此外，我们还要考虑到更多的包容性和多元性。尤其是在新冠疫情期间，要考虑到不同的文化语言的差异。需要强调创造性以及批判性思维及终身学习的重要性。很多不同的相关要素涉及毕业生毕业后应该具备的基本素质。

我们召开过一个网络研讨会，也有来自 ICEE 的代表进行了发言。可以说这个框架征求了各方意见。我们把他们分发给不同的国家征求意见，也包括世界各个大洲的意见。很多专家给了我们相关反馈，这些反馈都很好。有些专家称这个框架是变革性的，对未来工程教育具有非常重要的作用。这是我们几星期之前刚刚得到的反馈，都是非常积极的。

伊丽莎白·泰勒

国际工程联盟（IEA）副主席，华盛顿协议主席

Elizabeth TAYLOR

Deputy Chair, International Engineering Alliance; Chair of the Washington Accord

伊丽莎白·泰勒，国际工程联盟理事会副主席，华盛顿协议主席。伊丽莎白致力于治理有效性和生态系统分析方面的研究。在从事设计和施工工程师职业生涯后，伊丽莎白进入了学术界。在CQUniversity担任科学、工程与健康学院副校长兼执行院长，然后结束了她的学术生涯。自2013年以来，她经营自己的咨询公司。伊丽莎白一直从事各种公益工作。目前，她是澳大利亚柬埔寨儿童信托基金会主席。她最近从人道主义援助机构澳大利亚RedR主席的职位上退休，并继续担任RedR国际主席。为表彰她对工程的贡献，伊丽莎白获得了澳大利亚勋章。她是澳大利亚工程师协会荣誉院士、澳大利亚公司董事协会院士、技术科学与工程学院院士，被认为是澳大利亚100位最具影响力的工程师之一。

Elizabeth TAYLOR, Deputy Chair of Governing Group of the International Engineering Alliance, Chair of the Washington Accord. She specialises in governance effectiveness and ecosystem analysis. Following a career in industry as a design and construction engineer, Elizabeth moved into academe, finishing her academic career as Pro Vice-Chancellor and Executive Dean, Faculty of Sciences, Engineering and Health, CQUniversity. Since 2013 she has run her own consultancy. Elizabeth has always engaged in diverse pro-bono work. Currently she is Chair of the Cambodian Children's Trust Australia. She recently retired as Chair RedR Australia, an humanitarian response agency, and continues as Chair of RedR International. Elizabeth is an Officer of the Order of Australia, recognising her contributions to engineering. She is an Honorary Fellow of Engineers Australia, Fellow of the Australian Institute of Company Directors, Fellow, Academy of Technological Sciences and Engineering and she is considered one of Australia's 100 most influential engineers.

可持续发展的工程教育

伊丽莎白·泰勒

今天分享的内容和之前几位发言人所谈及的一样，即如何更好地利用工程教育来实现可持续发展目标。我将从国际工程联盟（IEA）的角度来介绍一下我们对这方面问题的一些看法。IEA需要所有的人来进行合作，包括参与者、合作伙伴，我们希望通过这种合作来确保提升工程教育的质量，也确保工程教育是可以满足未来社会需要的。我将主要介绍怎样通过有效的、高效的方式帮助未来的工程师做好准备，迎接未来社会的种种挑战。

我想另外加入一个维度，也是在工程方面常常忽略的一个话题，就是怎样帮助学生积累在工程方面的经验。我们希望通过帮助将一些知识和技能用在社区中，能够更好地帮助这个世界、帮助全人类。我认为这是可持续发展目标最为重要的一点，也是进入第四次工业革命的时候所必须面对的。

回顾历史，我们在前三次工业革命中碰到了非常多的挑战和难题。人类的种种行为给整个世界带来了很多负面影响。所以现今人类面临着种种挑战也会给我们带来相应的后果。进入到第四次工业革命的时候，人类是否能够突破之前的一些想法，更加具有前瞻性？因此，我们在这个过程中做的事情对于未来有关键作用，工程师即成为解决所有调整中重要的一环。

联合国可持续发展目标（SDGs）必须是所做事情的核心，考虑到我们对于这个世界带来的变化，我们就需要从另外一个角度来看待这些事情。当我们进入到未来，需要解决种种全球性的挑战，比如贫困、气候等问题。这里有正面的，还有负面的作用，但是在这样的框架之下，面临第四次工业革命，我们可以使用SDGs框架来帮助我们更好地应对挑战。

在这个过程中我们需要保持一个平衡，另外，有可能过去会给我们带来很多负面的后果和严重的影响，但是我们可以充分利用智力和努力带领整个人类前行。IEA涉及全球非常多的法律辖区，这么广泛的覆盖实际上给IEA非常宽阔的视角，让我们理解文化方面细微的差别，让我们从社会学、人类学，还有生态系统的角度来理解这个系统的多元性，同时也能够更好地来驱动创新和能力的发展，从而应对整个世界的复杂性、颠覆性。所以要解决过去遗留的问题，同时也确保我们现在的事情不会产生过去所产生的结果。

就像马琳所介绍的那样，其中很关键的一点就是我们必须要对毕业生他们专业的能力进行审议和回顾，来确保他们现在具有的这些技术能够满足未来的需要。首先需要很多的国际组织携起手来，我们才能够从文化上来赋予更多的理解性，同时也能够通过经验的积累来帮助社区确保我们在思维、在理解的方面已经做到了最好，并带着这样的一种思考走向未来。

切实可行地帮助工程学生做好准备。如思维方式，首先需要理解可持续发展到底是什么意思。这并不是一个非常容易的工作，不管是第四次工业革命，还是将来的第五次工业革命，要实现 SDGs 的目标并不容易，这是一个巨大的挑战，所以我们要使工程教育或者是工程学对年轻人具有足够的吸引力。因为只有这样，年轻人才会觉得他通过这样的学习是可以创造未来的，才会愿意加入进来。

我个人也是国际工程联盟华盛顿协议的主席。在这个过程中我们不仅仅是认同其中的一个标准，而是达成一系列共识。从传统的角度上来讲，我们称之为标准。因为在不同的法律下存在很大的差异，我们所有的成员签过字。他们之间大多存在文化差异性，因此在实现可持续发展的过程中我们需要照顾到这些差异性。与此同时，我们还要认识到我们是一个人类共同体，工程方面所面临的挑战实际上也是全人类所面临的共同挑战。只有通过携手合作，我们才能够创造一个共享的、更好的未来，才能够更好地实现 SDGs。谢谢！

郑庆华
西安交通大学副校长
ZHENG Qinghua
Vice President, Xi'an Jiaotong University

郑庆华，西安交通大学副校长，教育部科学技术委员会委员、教育部计算机教学指导委员会主任委员。国家杰出青年科学家基金获得者。国家自然科学基金创新团队、教育部创新团队、山西省重点科技创新团队、“计算机网络与系统结构”国家级教学团队的负责人。研究领域为大数据知识工程，发表论文160余篇，获国家发明专利64项，国际PCT专利2项。国家科学技术进步二等奖3项；国家教学成果一等奖1项；国家教学成果奖二等奖1项；省部级科技进步奖6项。

ZHENG Qinghua, Vice President of Xi'an Jiaotong University, Member of the Science and Technology Committee of the Ministry of Education, Chairman of the Steering Committee on Computer Instruction of the Ministry of Education, and Winner of the National Funds for Distinguished Young Scientists. He is the person in charge of the Innovation Team of National Natural Science Foundation of China, the Innovative Team under Ministry of Education, Shanxi Key Scientific and Technological Innovation Team, and the "Computer network and system structure" National Teaching Team. His research field is big data knowledge engineering, and he has published more than 160 papers, and won 64 national invention patents and 2 international PCT patents. His main awards include three Second Class of the State Science and Technology Progress Awards, one First Class of the National Teaching Achievement Award, one Second Class of the National Teaching Achievement Award, and six Ministerial and Provincial-Level Science and Technology Progress Awards.

携手合作培养“一带一路”工程科技人才

郑庆华

尊敬的各位领导，各位老师，大家好！非常荣幸能够有这个机会向大家展示西安交通大学关于工程科技人才培养的工作。

第一个问题：我们为什么要开展这个项目？众所周知，2015年在联合国可持续发展峰会上，联合国193个成员国正式通过17个可持续发展目标（SDGs），其中优质教育是17个可持续发展目标之一。2013年，国家主席习近平提出了“一带一路”倡议，强调将“一带一路”建成和平之路、繁荣之路、开放之路、创新之路、文明之路，其关键问题就在于人才是“一带一路”倡议的核心，教育则是培养人才的基础。我们这个项目由中国工程院和西安交通大学共同资助，并成立国际工程科技知识中心丝路培训基地，主要面向世界各国尤其是发展中国家的政策制定者、广大工程科技工作者提供咨询、科研、教育等知识服务。西安交通大学于1896年在上海成立，1956年从上海搬到西安，1998年被列为全国首批九所重点大学之一，2017年，国际工程科技知识中心丝路培训基地正式落户西安交大，每年将为“一带一路”沿线国家培养上万名工程科技人才。

第二个问题：我们如何实施这个项目？这个项目由中国教育部、中国工程院、西安市人民政府共同领导与管理，为了更好地开展项目，我们还成立了一个培训中心，该中心主要依托于两个联盟，一个是由西安交通大学发起成立的丝绸之路大学联盟，迄今为止，已有42个国家和地区的151所高校成为丝绸之路大学联盟成员；另外一个是MOOC中国联盟，现在已经发展了117家中国高校，另外像中国移动、阿里巴巴、华为、中软国际等企业也是联盟成员。在项目实施过程中，我们遵循“三结合”的原则，第一个结合是国内人才培养与国际人才培养相结合，第二个就是线上互联网教育与线下面授实训相结合，第三个是学历教育与技能培训相结合。另外，我校还自主研发了在线学习平台：丝绸之路工程科技知识服务体系，主要为丝路沿线的学生提供在线的学习，包括不同的培训科目、不同的案例分析、各类研讨会与座谈、现场实操教学等，很好地将线下教学和线上教学有机融合，该平台提供一周7天，每天24小时不间断的运营服务机制，包括全程教学支持服务、支持多种学习模式、建立全过程控制体系、学术型学习支持服务以及非学术型学习支持服务等，以便更好地为学员提供优质服务。

第三个问题：我们已经开展了哪些工作？首先，我们开发了六个专业数据库，涉及了300多万个不同的数据，主要是针对“一带一路”的项目以及相关研究。这些数据库主要由国家地址数据库、人口和环境数据库、工业和经济数据库、历史和文化数据库、政策和法规数据库、教育和技术数据库组成。收集这些数据库非常重要，尤其是对于“一带一路”沿线国家而言，它们可以通过这些数据库进行相互学习，从而更好地了解不同国家相关的情况以及特点。其次，设置了21个线下培训项目，所有培训的项目都是基于我校一些优势学科，比如物联网、医药科学、生命科学的前沿研究、人工智能、电子工程学、大数据和云计算、新功能性材料等。最后，举办了73期培训项目，共吸引了来自全球115个国家和地区7800多个学员，其中有八期培训项目是在国外，包括像乌兹别克斯坦、泰国、俄罗斯等在内的多个国家举办。所有学员在参加培训并通过考核后可以获得西安交通大学授予的培训证书。

在过去的6年里，我校积极构建一个全新的培训模式，我们把“理论教学+案例分析+研讨会+现场教学+实操训练”统一融合，形成混合式英语教学模式，这类培训模式也得到了学员的一致好评。这一做法也得到了中央有关领导同志的重视和肯定，呼吁要进一步加大高等教育在促进人文交流、支持人才培养、促进“一带一路”建设方面的积极作用。

第四个问题：我们做出了哪些贡献？一是加强了与国际组织的沟通与交流，与泰国、俄罗斯、巴基斯坦等8个国家建立了非常稳定的合作关系，下一步我们计划与更多的大学进行合作，从而推动教育尤其是继续教育的国际化进程；二是继续扩大在线教育系统，尤其要满足亚洲学员的需求，以MOOC为基础，包括中国人民大学、天津大学、北京交通大学在内的26所国内高校，泰国皇家大学在内的5所国际高校达成学分互认协议；三是满足东盟国家的需求，为泰国提供高端制造业、金融投资、新能源、跨境电商等13个行业，112个专业在线培训，协助实施“泰国4.0战略”，为我国在东盟国家开展国际化人才培养提供新模式。在新冠肺炎疫情的特殊时期，我们开发出了34个不同的培训课程，提供具有权威性、综合性以及有价值的学习资源，帮助各个国家应对新冠疫情，此举措也得到了联合国教科文组织的充分肯定。

第五个问题：我们的国际影响力如何呢？俄罗斯、泰国以及乌兹别克斯坦等国家的有关媒体对我们相关的工作做了报道，他们表示我们做的工作对他们国家的人才培养都起到了非常重要的作用。有留学生反馈：“这是我第一次亲眼看到3D打印人体器官，非常令人惊讶，我想回国后创建我自己的公司，推广类似的产品”。还有一名学生指出：“通过这个培训项目，我可以和很多来自不同国家的朋友结识，这些课程简直是太棒了！远远超出了我的预期，所以非常感谢。”越来越多的学生给了我们很大的鼓励与积极反馈，也给予我们更大的动力继续我们未来的工作。

最后和大家分享这个项目下一步的目标到底是什么？首先，致力于打造“一带一路”人才培训基地和大众创业中心，吸引3000余名外国留学生实习，打造留学生创新创业孵化器。其次，会继续进行人才培养的工作，尤其是在“一带一路”沿线国家开展人才培养项目，开设10个不同领域、20多个特色学科的培训课程；与10个“一带一路”沿线国家的30所高校开展国际交流与合作；每年为8000多名留学生提供60期线下专项培训；为20000名学员提供在线培训。不仅如此，我们还要加强智库建设，成立智囊团队，该团队由来自“一带一路”沿线国家的1000多名专家组成，共同开发100多万条特色数据库，这也是我们的一个规划。我们非常希望，也非常欢迎大家能够加入我们，携手合作培养“一带一路”工程科技人才，我们也相信我们的未来一定是非常光明的。谢谢大家！

王帅国
学堂在线总裁
WANG Shuaiguo
President, XuetangX.com

王帅国，学堂在线总裁。于2013年参与学堂在线平台的创办工作，负责清华大学在线课程建设和相关研究工作。自清华大学毕业留校任教以来，主讲慕课获评首批国家精品在线开放课程。2015年在教育部在线教育研究中心支持下，联合清华大学在线教育办公室和学堂在线发起智慧教学工具“雨课堂”，担任项目负责人，已成为国内最为活跃的高等教育教学创新平台。王帅国拥有清华大学计算机软件专业工学学士学位和计算机科学与技术专业工学硕士学位。

WANG Shuaiguo, President of XuetangX. Mr. WANG was involved in the founding of XuetangX in 2013, responsible for Tsinghua University's online curricula development and relevant research. Since graduating from Tsinghua University and serving as a faculty member there, he has been teaching MOOCs which are listed as the national first group of top-grade online open courses. In 2015, with the support of the Online Education Research Center, Ministry of Education, he worked with Tsinghua University's Online Education Office and XuetangX to launch the smart teaching tool “Rain Classroom” where he serves as project leader, which has been the most active platform for higher education and teaching innovation in China. WAGN Shuaiguo holds a Bachelor of Engineering degree in computer software and a Master of Engineering degree in computer science and technology from Tsinghua University.

技术支撑下的工程教育激发教育技术的爆炸性发展

王帅国

尊敬的各位领导、各位老师，今天非常荣幸能够有机会和大家分享学堂在线和国际工程教育中心在过去一年尤其是在疫情期间的在线教育与工程教育方面的相关工作。

首先向大家介绍学堂在线。学堂在线于2013年由清华大学发起成立，是国际工程教育中心的首家国际合作伙伴。学堂在线在国际工程教育中心的支持下已经为超过6700万位各类学习者提供了优质服务，这些学习者通过学堂在线可以学习到包括清华大学在内的国内国际顶尖一流大学的优质课程。2020年4月20日，学堂在线发布国际版在线教育平台，学堂在线国际版中以英文的界面和全英文授课的方式展示了来自中国与海外名校的在线课程，也得到了来自全球学习者的喜爱，目前学堂在线国际版的注册用户已经超过了700万人。学堂在线于2016年4月正式发布了面向移动学习的新型智慧教学工具——雨课堂，授课教师可以利用雨课堂软件将PPT、手机微信融为一体，将面对面教学和在线教学有机结合，这种教学软件已经成为中国最为活跃的教学工具，每个月使用雨课堂的师生人数已经超过了2700万人次。

基于学堂在线和雨课堂如何在工程教育当中来进行应用？首先在课堂环境内我们可以基于雨课堂实现课堂内师生的交互，授课教师讲授的幻灯片可以通过雨课堂实时分发给每一个学生的移动终端，学生可利用移动设备回答授课老师提出的问题及测验，并通过弹幕、投稿、“不懂”按键等方式进行解答与反馈，授课教师可实时看到现场学生的学习行为数据情况。课后授课教师则可通过系统将上课视频与语音讲解上传到慕课平台，学生可随时随地观看与学习。这种方式让越来越多的老师利用了更为先进的教学工具、更好的慕课视频来改进课程内容，从而产生了不错的学习效果，也能通过大数据分析平台及时查看教学反馈情况。在今年新冠肺炎疫情肆虐时期，授课老师们应用最多的一种模式是雨课堂的直播模式，学生们通过各类移动终端或电脑在线学习，这种方式也是我们今年在疫情期间大规模使用的一种在线教学方式。

这种在线教学的方式也促进了教育技术爆炸性的发展，首先，使用雨课堂的人数已达到每秒300万人次，在疫情期间，为超过6200万位各类学习者提供了优质服务。其次，雨课堂适用于各类的移动终端，包括智能平板、智能手机、智能电视、微信小程序等，保障了不同环境、不同经济条件、不同地域学习者的相应诉求。另外，授课老师与学生通过雨课堂线上手段进行互动的次数更为频繁，是线下面对面交互的7倍，这类互动不仅仅停留在简单的反馈、习题的解答，更多的是通过弹幕、投稿和语音交流等多种方式展开交流与讨论，大量的互动也积累了更多的教学数据，并应用到教学分析和研究中去。最后，基于这类分析与研究所得到的成果又为教学管理的决策提供参考价值，所以数据驱动的理念也被更多的大学所接受。

今年9月，习近平总书记在一次会议当中强调，“要总结应对新冠肺炎疫情以来大规模在线教育的经验，利用信息技术更新教育理念、变革教育模式”。事实上我们在过去的一年当中发现这样的在线教学模式不仅改变了老师如何教学，学生如何学习，也在影响学校如何管理的问题。在我们统计的大数据中可以看到所有用户的使用情况，深入到每个课堂里看各个老师的教学情况，每位学生在不同年级不同课程的学习情况，同一门课程由不同老师讲授所带来的对比情况等，这类数据的积累为更多基于人工智能的相关研究提供支撑，为基于大数据和人工智能支撑下的高等教育管理或者工程教育管理探索未来发展趋势，也为工程教育认证体系提供了更加翔实的数据保障。在疫情期间，清华大学搭建了在线教学指挥中心，清华大学教务处利用互联网信息化手段了解每个课堂的实时动态。

疫情期间，学堂在线支持了全国超过900多所高校的在线教学，响应教育部“停课不停教、停课不停学”的号召，并利用人工智能技术提前预测学生的表现，也就是说通过AI技术，基于学生在课堂内互动情况与学生往常课堂表现情况，很好地预测学生在期中及期末成绩，很多班级在安排了AI试点之后，帮助了很多同学更好、更专心地投入学习当中，使得学生即使没有在学校也能通过信息化手段提高教育教学质量。

我们针对疫情期间在线教学模式和效果进行问卷调查，结果发现，有超过70%的学生认为在线教学模式等于或好于传统教学模式，大多数老师表示回到校园后仍然选择继续使用雨课堂，与学生开展交流互动。在与高校管理者沟通时，他们提倡更多的教学模式包括纯线上教学的模式、线上线下的混合式融合模式在内的多种教学模式进入到大学课堂当中，能够大大促进教学创新与改革。另外，我们也慢慢发现传统面对面的教学模式在工程教育中的不足，在清华大学多个工科院系试点在线教学的过程中，通过对比在线教学与传统教学两种授课模式，我们发现，传统面对面授课时老师和学生的交互效率远远低于在线教学这类模式的互动效率，传统教学模式对于课堂内教学数据的记录相对比较初级与粗略，而课后基于人工智能的技术分析也没有得到及时的跟踪与反馈。所以如何更好地将在线学习与面对面教学这两种教学组织形式进行充分融合是我们接下来愿意与更多从事工程教育专业老师和相关院校进行进一步的问题。同时我们也深刻感受到，通过疫情期间在线教学带来的影响，越来越多的老师愿意把在线教育技术嵌入到实体课堂当中去，面对面教育和在线教育的边界变得越来越模糊。

下面再向大家介绍一下我们今年应用较多的一项技术“克隆班”，克隆教室是一个虚拟教室，授课教师自主设立一个虚拟课堂，这类虚拟课堂可以完美地克隆复制他在线下课堂或者在线课堂的一举一动，在克隆教室的学生们不会干扰和影响线下教学的课堂秩序。今年上半年，清华大学就为全国7所大学的5000多个班级开设了“克隆班”，辐射师生接近5万余人次，这也是面对面教育和在线教育的边界越来越模糊的体现。不仅如此，我们与清华大学以及其他高校建立了雨课堂光感应黑板，雨课堂光感应黑板通过高精度红外技术将粉笔书写的轨迹实时记录下来，并实时同步到教室投影幕布和学生微信上，老师讲课的PPT、语音、板书、互动，都能被完整记录下来，学生可在电脑手机等显示设备随时回看。我们希望通过这样的手段缩小线下的工程教育课堂和远程的工程教育课堂之间的边界，另外我们也会持续更新产品应用与技术研发。谢谢大家！

李　明
中国空间技术研究院人力资源部教育培训处中级主管
LI Ming
Senior manager, Education and Training Division, Human Resource Department of China Academy of Space Technology

李明，中国空间技术研究院人力资源部教育培训处中级主管。主要从事企业教育培训体系建设、企业大学建设等工作，发表《教育培训管理者培养方法与实践》《创新培训体系构建思路研究》等10余篇文章，《基于知识转移与文化传承的航天工程技术人才培养》荣获管理创新成果二等奖。

LI Ming, senior manager of Education and Training Division, Human Resource Department of China Academy of Space Technology (CAST) . He mainly engages in the development of enterprise education training system and enterprise university. He published more than 10 articles, including *Training Methods and Practice of Education Training Managers* and *Research on How to Construct the Innovation Training System*. He also won the second prize of management innovation achievements with the article *Training of Aerospace Engineering Technical Personnel Basing on Knowledge Transfer and Cultural Inheritance*.

创新实践航天工程技术人才培养模式

李　明

今天的分享分三部分：第一部分是中国空间技术研究院的单位概况；第二部分是中国空间技术研究院的人才队伍情况；第三部分是中国空间技术研究院的教育培训情况。

首先通过一段简短的宣传片帮助大家了解中国空间技术研究院的基本概况。中国空间技术研究院（中国航天科技集团公司五院）成立于1968年，隶属中国航天科技集团公司，是中国主要的空间技术及其产品研制基地，是中国空间事业的骨干力量。

截至目前，中国空间技术研究院拥有5位“两弹一星”元勋和16位院士。其中孙家栋院士在2009年荣获“国家最高科学技术奖”，2019年荣获“共和国勋章”。叶培建院士在2019年荣获“人民科学家”“最美奋斗者”国家荣誉称号。在“最美奋斗者”集体中有我们的航天“北斗”团队、航天“神舟”团队、航天“嫦娥”团队等，这些团队与专家在国际上获得了非常多的认可。

中国空间技术研究院在教育培训工作方面进行了实践与探索，总结出一些经验。神舟学院于2005年12月28日挂牌成立，是我国航天系统的首家企业大学，是以培养航天器工程技术与管理人才为主的教育培训机构，主要承担五院员工培训、国内外客户培训以及研究生培养工作。宗旨是“弘扬神舟文化，培育航天英才”。校训是“博学笃志，建功航天”。神舟学院的定位是“中国航天人才培养的摇篮和对外合作交流的窗口”。神舟学院荣获了一系列的国家级、国际级的认可，包括国家专业技术人员继续教育基地、国家高技能人才培养示范基地、联合国教科文组织国际工程教育中心空间科技教育基地、联合国附属空间科学与技术教育亚太区域中心（中国）教学实践培训基地等。形成以北京中关村核心地段为总部，怀柔培训中心为分部，以4个分院（烟台分院、西安分院、兰州分院、制造分院）为支撑的教学布局。

神舟学院经过多年的工程实践积累和总结梳理，形成了一系列课程体系，主要围绕教学需求，不断深化教育培训的全面、精细化管理，探索菜单式的选课模式，构建了8大类31项270余门课程的《神舟学院培训项目及课程体系》。我们紧密围绕五院战略发展和人才培养需要，重视经验知识的传承，组织特色培训，为航天人才培养做好“传、帮、带”形成了十大系列培训模块，打造了“航天在职人才能力提升工程”。另外，五院国际客户培训，先后完成了尼日利亚、委内瑞拉、巴基斯坦、玻利维亚、老挝、白俄罗斯、阿尔及利亚等大型国际客户培训项目，覆盖24个国家，实施培训22000余学时，培养国际航天工程师800余人。

自1978年招收研究生以来，中国空间技术研究院培养了一大批专业后备人才。截至目前，先后培养了硕士生近3000人，博士生近600人，博士后科研人员150余人；博士生导师近200名，硕士生导师450余名；共开设课程80门，授课课时3000余学时，形成了学科齐全的硕士、博士和博士后高层次人才培养体系。截至目前，中国空间技术研究院有博士学位授权一级学科3个，博士学位授权二级专业13个，硕士学位授权一级学科8个，硕士学位授权二级专业25个，3个博士后科研流动站，5个博士后科研工作站，已经成为培养硕士、博士、博士后等多层次、多学科的可独立从事科研及工程技术研究的专业后备人才培养基地。此外，中国空间技术研究院还创新培养国际留学生，支撑国家“一带一路”倡议，已培养2018级外国留学生8人，2019级外国留学生6人，开设课程共计20余门，授课教师30余人，课程设计合理，实践结合度高，为外国留学生组织了丰富多彩的学术、体育及文化活动。

在研究成果方面，第一个就是我们研究的“基于知识转移与文化传承的航天工程技术人才培养模式”，获得了管理创新二等奖。我们还做了关于“航天产品虚拟设计教学模式”的研究，建立了航天器虚拟集成设计教学平台，主要是针对新员工、实习生进入我们单位以后从事卫星虚拟设计的平台，荣获管理创新二等奖。第三个就是“基于自主性团队学习法的干部队伍学习赋能模式的探索与实践”研究，同样获得了管理创新二等奖。

现在重点给大家介绍一下中国空间技术研究院的“知识转移、文化传承”工程，它是中国空间技术研究院从2008年开始到目前已经从事了10余年的重点工程，主要是为了实现“隐性知识文化显性化、显性知识文化系统化、系统知识文化传承化”的目标。

（一）现实需求与长远需求

该工程主要从两个方面切入，一个是我们现在的工作任务对人员知识经验积累和文化作风养成的现实需求；第二个是航天强国和世界一流宇航企业建设战略目标，对人才接续赋能的长远需求，现实需求和长远需求构成了该人才培养模式实施的外部驱动力。

（二）顶层谋划“四步走”总体思路和“三通道”实施路径

我们设计了顶层谋划“四步走”总体思路和“三通道”实施路径，其中“四步走”主要分为顶层谋划、分类实施、传承共享、迭代完善；“三通道”主要分为知识、技能、态度。

（三）系统构建内源化知识转移与文化传承模型

我们从系统构建内源化知识转移与文化传承模型，这个模型是在传统知识转移模型的基础上，通过嵌入“经验萃取方法论”和“学习设计方法论”，提出了具有研究院特色的内源化知识转移与文化传承模型。其中，经验萃取方法主要分为两类，即为“轻量级、重量级”两套专家经验萃取与案例开发方法。针对“轻量级”形成了专家经验萃取与案例开发“七步法”；针对“重量级”增加了“专家评审验收”环节。

（四）创新实践航天工程技术人才培养工作模式

我们搭建了一线岗位知识转移与文化传承专业课程体系，在提炼岗位人员基本能力要求矩阵的基础上，通过梳理与能力要求相符合的培训需求，制订完善专业课程计划，组织实施培训等方法，建立专业课程体系。不仅如此，我们还建立了专家讲师管理体系，通过选用育留体系化、课程研发专业化、讲师应用多元化，建立专家讲师管理体系。我们通过“知、信、行”三个维度建立航天精神的文化传承与培养。在“知”的环节上，以“五平台”广泛覆盖凝聚人；在“信”的环节上，以“一理念”点滴润心感召人；在“行”的环节上，以“三化一体”融入管理引领人。

（五）持续完善“融合媒体平台”“融合实践平台”

我们不仅建立了由数字化图书馆、神舟网、神舟报、微信公众号、追梦空间V学习平台等构成的“融合媒体平台”，还构建了“融合实践平台”，以16家院士工作室、16家技能大师工作室、钱学森技术实验室创新特区为依托，构建三大实践互动传承平台。

好，我的演讲到此结束，谢谢大家。

周树华
华和资本总裁
ZHOU Shuhua
President, Huahe Capital

周树华，华和资本总裁、华和资本创始主管合伙人、开物投资创始主管合伙人、北极光创投主管合伙人、新浪副总裁，斯坦福大学管理硕士、清华大学经济管理学院EMBA、上海千人计划专家。

ZHOU Shuhua, Founding Managing Partner of Huahe Capital, Founding Managing Partner of Kaiwu Capital, Former Managing Partner at Northern Light Venture Capital, Former VP at Sina Corp., Stanford GSB Sloan, MSx, Tsinghua SEM, EMBA, Expert of Shanghai Thousand Talent Program, Expert of Beijing Overseas Talent Attraction Program.

面向可持续发展的工业互联网多层次人才培养

周树华

各位领导、各位嘉宾、朋友们，大家好！我非常荣幸能够有机会与各位共同探讨工程教育发展的前沿问题，分享我对工程教育和工业互联网的一些观点。今天演讲的主题是面向可持续发展的工业互联网多层次人才培养。

第四次工业革命正在重塑全球经济结构，从2013年汉诺威工业博览会上提出了“工业4.0”的概念开始，整个工业互联网包括人工智能在各个行业的应用就开展起来。2016年达沃斯世界经济论坛，也将主题锁定在“第四次工业革命”，当然中国、美国、欧洲等国家都在集中力量投入制定应对第四次工业革命的战略上。总体来说，工业互联网就是以网络技术作为基础为工业赋能，工业互联网平台主要涵盖智慧化生产、网络化协同、个性化定制、服务化延伸四个方面。网络基础设施包括工厂外网和工厂内网，通过跨设备、跨系统、跨厂区、跨地区的全面互联互通。在工业互联网中每一个工厂都作为一个个体来推动资深物料、工厂、设备、劳动者和系统要素的数字化进程，形成了一个非常强大的智慧化、网络化、个性化与服务化的良性循环。

工业互联网也改变了企业的生产过程，由一般的生产制造驱动变成一个数据网络和应用平台的整体驱动，目的在于从提质增效、降本减存等方面实现良性互动。工业互联网在发展过程中逐渐向“数字孪生”“智能化”和“质量型”的趋势发展，其中“数字孪生”主要体现在映射的物理对象通过数据挖掘发现隐含的现象背后的知识和技能；“智能化”是总体系统的一个诉求，将机器相互连接，使数据能够进一步处理和分析，“质量型”意味着工业互联网客户可以参与到产品、信息质量的运营和反馈。

在第四次工业革命背景之下，涌现了很多新的岗位需求，到2025年大概会增加9700万个新岗位，当然也有8500万个工作岗位将被取代。其中9700万个新的岗位都与数字和智能、工业自动化相关，也包括一些商业战略专家、数字化转型专家等也是通过数字来驱动的，消失的岗位更多是过去重复性的数据录入人员、行政人员、传统的会计人员与客户信息录入人员等。在工业互联网发展下，国家新发布职业与工业互联网相关比例已经达到44.8%，说明工业互联网在人工智能对职业的取代方面起到非常重要的推动作用，带动的就业人数也是逐年攀升，从2017年的2172万人增加到了2019年的2680万人。但是，工业互联网下的人才市场却面临了很多的挑战，第一，人才缺口巨大，2020年新一代信息技术产业人才缺口就达到750万人；第二，不匹配，本科生教育专业与现在整个工业互联网的匹配率仅为39.4%，差距较大；第三，学生缺乏创新还有解决问题的意识。

在工业互联网多层次人才培养方面，我们主要需要一些创新复合型人才，这个是指在跨学科、研发型、原创型方面的高精尖人才。另外，我们也需要大量的高技能应用型人才，主要是在操控、维护、管理等方面具备专业技能的专业人才。在培养工业互联网领域的创新复合型人才的过程中，需要通过学校教育，产教融合，课程体系的认证，以及参与项目孵化和创业等方式，完善人才培养体系，加快培养创新复合型人才。在培养工业互联网领域的高技能应用型人才的过程中，需要运用互联网云端学习平台、普惠型教育产品、专门的课程资源与认证体系，企业和院校的互通协同方式培养出一批合格的工业互联网专业人才。

华和也积极参与到工业互联网多层次人才培养中去，其中华和旗下的寓乐世界，作为数字化人才培养基地的承办方，积极高效地做了一系列标准化的普惠式科创教育。在过去的一年里，寓乐世界真正从企业的需求出发，联合实业企业共同开发打造数字化人才的培养体系，在人工智能和工业互联网教育上取得了令人非常欣喜的成果。院校合作方面：寓乐世界通过与清华大学、中国石油大学等20余所高职高校合作，开通课程实训平台。企业合作方面：寓乐世界与清控数联、盈趣科技、顺丰大学等企业达成战略合作，为其培训工业互联网人才。政府合作方面：寓乐世界与4个城市的相关政府部门开展合作，建设数字化人才培养基地，尤其是与新疆和田地区皮山县政府达成了战略合作协议，与皮山县政府达成五年期人才培养计划，为皮山县地区及皮山数字经济产业园区培养五万名具备人工智能、大数据基础技术能力的从业人员，并在新疆和田地区筹建数字化产业园、筹建高新技术企业引进落地等方面提供了全方位的协助，通过普惠式科创教育助力新疆地区扶贫工作。与此同时，寓乐世界坚持推动工程教育标准体系建设，助力国内各产业的数字化转型，并入围职业教育培训评价组织，应用证书入围了第二批职业技术等级证书，并参加了教育部的1+X的制度试点。不仅如此，寓乐世界还成为微软人工智能认证的中国首家全链条合作机构，与微软的强强联合引进世界最前沿的科技和应用成果，拓展高校在校生和企业员工的工业互联网的思维模式，并不断适应产业需求。

总体来说，华和非常关注产业人才需求，并连接了多方资源，以教育为抓手真正落实了产学研一体化，帮助高校在校生和企业员工了解工业互联网最前沿的发展和数字化人才培养体系。尤其在疫情期间，华和也开展了多次工业互联网在线培训，效果很好。未来华和也将持续推进工程教育和工业互联网的相关研究，关注教育公平与普惠教育发展，促进各阶段工程教育标准体系建设及推广，并探索工程教育在未来科技及产业领域的应用。

最后我想说，高质量的工业互联网教育是提升工业互联网建设水平的重要基础，通过深度产教融合、政府学术机构和用人单位的集体协同合作赋能教育产业发展，完善工业互联网教育领域，协同育人机制，推动工业互联网教育发展，从而进一步推动工业互联网的整体可持续发展，相信通过大家的努力，我们能够共同培养出更多更卓越的工业互联网专业人才，共同构筑更美好的未来。

谢谢大家！

第二届国际工程教育论坛

The 2nd International Forum on Engineering Education

2020年12月2-4日 Dec. 2-4，2020

闭幕式

Closing Ceremony

2020年12月4日 23:00-23:30

23:00-23:30, December 4, 2020

在线会议

Online Meeting

闭幕式主持

主持人 Chair

贺克斌

论坛组委会主席，清华大学环境学院教授，中国工程院院士

HE Kebin

Forum Chair; Professor at School of Environment, Tsinghua University; Member of Chinese Academy of Engineering

贺克斌，清华大学环境学院教授，中国工程院院士。主要研究领域为细颗粒物$PM_{2.5}$与大气复合污染控制，主持建立了中国多尺度排放清单在线技术平台，在动态排放清单技术领域成为国际引领的研究团队，为我国空气质量管理在精细溯源和定量评估方面技术水平的提升做出重要贡献。获国家自然科学奖二等奖1项、国家科技进步二等奖3项和省部级科技奖励11项，获美国国家科学院院刊科扎雷利奖。出版专著6部，被爱斯唯尔连续评为2014—2019年“中国高被引学者”，入选2018年、2019年科睿唯安“全球高被引科学家”。

HE Kebin, Member of Chinese Academy of Engineering, Cheung Kong Professor of Environmental Engineering at Tsinghua University. Prof. HE has been conducting research on air pollution control for over 30 years, and made significant achievements that have been implemented in national action plan on acid rain and $PM_{2.5}$ pollution control, including the development of an online platform of Multi-resolution Emission Inventory for China (MEIC) , the establishment of a new approach for source apportionment of integrating emission, observation and simulation, and the development of a dynamic assessment model for air pollution control solutions. Prof. HE is the winner of one National Natural Science Award (Second Prize) , three National Science and Technology Progress Awards (Second Prize) , 11 provincial and ministerial-level science and technology awards, and Cozzarelli Prize of PNAS. He was rated by Elsevier as “China’s Highly Cited Scholar” successively from 2014 to 2019, and included by Clarivate in the “Global Highly Cited Researchers” in 2018 and 2019.

研讨工程教育创新发展，促进工程科技和社会进步

贺克斌

尊敬的各位专家、各位来宾：

大家好！由清华大学、中国工程院、联合国教科文组织合办的第二届国际工程教育论坛于今晚闭幕，这次论坛的主题是生态环境与可持续发展，在全球共抗新冠疫情的特殊时期，很高兴我们用这样特别的方式相聚云端，共同讨论与人类家园建设关系重大的工程教育。

莅临本次论坛的来宾中既有全球工程教育、工程科技、科技管理领域的著名学者，也有很多来自行业各界的领军人物。在过去的三天当中，嘉宾们围绕水环境与水生态、气候变化与蓝天行动、可持续技术及全球协作，以及气候环境与健康、可持续化工与未来、面向可持续发展的工程教育，展开了充满创新活力的全球性对话，共同研讨工程教育的创新发展，促进世界工程科技和社会的进步，应对全球性重大挑战。下面我们首先有请“水环境与水生态”分论坛的主持人，清华大学环境学院学术委员会主任余刚教授做总结发言。

“水环境与水生态”分论坛总结发言

余　刚

谢谢贺老师，我代表分论坛给大家做一个简单的总结。我们分论坛的主题是“水环境与水生态”，共有五位演讲嘉宾，其中四位是来自科技界，一位来自企业界。他们分别是来自美国密歇根大学的美国工程院院士、中国工程院外籍院士格伦·截格尔教授；来自中国环境科学研究院的中国工程院院士吴丰昌教授；我是来自清华大学的余刚，既是主持人也是报告人；来自加拿大多伦多大学的法努德教授；还有来自美国丹纳赫集团哈希公司中国区的总裁秦晓培先生。

在报告里面，格伦先生重点谈水环境在应对21世纪问题时的挑战和对策。他在报告中提出五类他认为在工程教育中非常重要的知识和技能，包括基础科学与工程、经验知识、社会科学知识、人际交往技能以及情商等方面的训练。

吴丰昌院士重点介绍了中国地表水环境存在的一些问题以及他们开展的研究，今后怎么去更新地表水环境的相应建议。

我代表中国城市污水处理概念厂的专家委员会，介绍了中国城市污水处理概念厂从最初的概念，再经过技术选择，最终到目前正在建设一座可实现水质的可持续发展，实现能量自给，实现资源回用，实现环境友好的中国城市污水处理的概念厂。整个工程将在明年春天即完成建设。这个概念厂也为工程教育提供了一个非常好的场所。

来自哈希公司的秦晓培先生从感知层、网络层和应用层介绍了在智慧水务背景下的水质仪表工程师所需的知识储备。他强调这些方面应是多学科的，需要具有包括环境方面的相应知识，还要有通信、机械、电子、水文、计算机、软件工程等一些方面的知识。

报告之后，本论坛也开展了较为充分的讨论。特别是从学习知识和技能培养方面问了很多问题。演讲嘉宾为他们解答了问题。同时，嘉宾之间也进行了充分的交流，共享了很多信息。

贺老师，我就总结到这里，谢谢。

“气候变化与蓝天行动”分论坛总结发言

王　灿

谢谢贺老师，很高兴报告“气候变化与蓝天行动”分论坛情况。我们讨论了在应对气候变化与其他可持续发展挑战背景下工程教育应该怎么改进来响应时代发展的重要需求。分论坛邀请了六位主讲嘉宾，同时有100余位听众积极参与和收听。在嘉宾分享结束后设置了问答环节，尽管本次是线上会议但是互动的效果却非常好。

整个讨论逻辑上是围绕两个大问题展开的。第一个问题是当前全球面临的气候变化等挑战以及应对行动对工程教育提出的新需求。

在这个话题中，清华大学环境学院的郝吉明院士介绍了中国蓝天行动的成效，并从空气污染与气候变化协同处理的角度展望了环境工程教育的未来。清华大学气候变化与可持续发展研究院的李政教授介绍了中国碳中和愿景下未来能源转型和温室气体减排面临的形势和挑战，并由此展望了低碳能源转型对能源工程未来的需求。美国工程教育学会核心董事诺尔曼・福腾伯里博士，进一步从全社会系统的角度，包括气候变化对社会的影响和社会响应气候变化的行动阐释了工程教育所面临的全方位的需求。这种需求不仅仅指向环境工程、能源工程、交通工程等与温室气体排放直接相关的专业，而是几乎涵盖了所有的工程专业。未来这些工程专业也会在应对这些挑战方面做出贡献。所以我们从具体工程能力的培养上，进一步讨论到了专业的技能、系统的思维、跨学科的合作、解决问题的能力、工程的伦理和社会责任。

第二个问题是工程教育是如何响应气候变化带来的这些挑战的？在这个问题中，三位国际工程教育专家给出了三个非常有启发的工程教育模式。

一是情景式教育（Context-based Education），全球工程学院院长、院长理事会主席阿拉・阿诗玛韦教授对这个模型进行了一个专题的介绍。全球性的挑战在不同的背景下表现的形式是不同的，因此解决方案需要考虑具体场景的实际情况。基于场景的工程教育通过案例分析、虚拟交流等手段开展，能够帮助学生加深对气候变化问题和工程知识的理解与衔接。

二是基于问题的学习方式（Problem-based Learning），丹麦奥尔堡大学的安尼特·科莫斯教授介绍了这种学习方式。这种学习方式是奥尔堡大学的一个创新实践，重点强调跨学科的团队合作。奥尔堡大学认为在未来的工程教育中需要通过跨学科的团队合作方式来培养学生的系统思维、合作能力、解决问题的能力，从而让学生具备应对气候变化这种全球性挑战的复杂能力。

三是基于挑战的工程教育（Challenge-based Education），加拿大工程院院士、麦克马斯特大学伊希瓦·普里教授介绍了对这种模式的理解和教学实践。这种方式强调要根据需求对教育课程体系进行调整，课程设置重质量而不重数量。同时，这种方式还强调体验式学习，从全球问题着眼，从本地问题着手来鼓励学生在社区的环境中去发现问题，识别挑战，提出解决方案，最终和社区合作来解决问题。

除了介绍上述三种工程教育模式之外，清华大学的两位教授也分别介绍了清华大学的做法。郝吉明教授特别介绍了清华大学环境学院全球环境胜任力项目。这个项目针对传统的环境工程培养方案进行了系统性的调整，响应全球变化，增加了跨学科的学习和实践的比重。李政教授特别介绍了清华大学通过全球大学气候联盟、气候变化大讲堂等形式面向全校工程专业学生，加强学生对气候变化的认识、知识和交流的教学实践。这种实践在响应全球环境问题里是走在前沿的。

最后与会者针对在工程教育中是如何打破学科壁垒共同应对气候变化进行了热烈的讨论。整个论坛达成了共识：未来的工程教育需要以社会的现实需求和长期长远挑战为导向，鼓励学生在工程学科内部以及工程学科与其他学科之间进行跨学科、跨领域的合作，从而使他们具备系统性的解决问题的能力以及终身学习的习惯和能力。以上就是本分论坛的报告，谢谢贺老师。

“可持续技术及全球协作”分论坛总结发言

欧阳证

贺老师，您好。我准备了一段英文总结。本分论坛的主题是“可持续技术及全球协作”，有至少200人参与，来自不同国家的嘉宾也做了非常精彩的发言。来自英国伦敦大学城市学院的格拉特教授，来自巴基斯坦迈赫兰工程技术大学电子与计算机工程学院前院长巴瓦里·尚卡尔·乔杜里教授，来自阿联酋沙迦大学工程学院院长艾哈迈德·阿尔－沙玛教授，来自爱尔兰利默里克大学的埃尔菲德·刘易斯教授，来自英国金斯顿大学的安迪·奥古斯蒂教授，来自西班牙马拉加大学的巴勃罗·奥特罗教授，最后一位嘉宾是来自哈尔滨工业大学的刘俭教授。

分论坛的嘉宾演讲主题涵盖了很多技术层面的内容，以及工程教育方面可持续的教育教学相关的方法。在所有的论坛演讲结束后，还设有讨论环节，大家都表示我们目前的技术正面临着前所未有的挑战，所以应该发展可持续技术，也应该重新审视现在的模式，才能更好地改善。我们需要和伙伴进行更好的合作，包括在工程教育相关的培训等方面都需要进行相应的改变，努力探索未来的新模式。

本次讨论带给我们非常大的价值，感谢本次论坛让我们发现工程教育非常重要，我们对此非常感兴趣，包括在中国的“一带一路”倡议这一方面也提出了很多观点。这就是我的总结，谢谢。

“面向可持续发展的工程教育”分论坛总结发言

袁 驷

感谢贺克斌教授。“面向可持续发展的工程教育”分论坛刚刚结束，因此我们很难把会议进行非常全面的总结，只能进行简单的概述。这是非常精彩的一场论坛，由联合国教科文组织国际工程教育中心（ICEE）来承办。分论坛由ICEE的主任、教育部的原副部长吴启迪教授来主持前半段，我来主持后半段。本分论坛共邀请了七位演讲嘉宾：第一位是联合国教科文组织科学政策与能力建设部主任佩琪女士；第二位是世界工程组织联合会前任主席马琳女士；第三位是国际工程联盟（IEA）华盛顿协议主席伊丽莎白·泰勒女士；特别嘉宾有西安交通大学副校长郑庆华；ICEE的全球战略伙伴，学堂在线的总裁王帅国先生；中国空间技术研究院的李明先生，华和资本的周树华先生。

我总结了分论坛的几个特点。第一，论坛档次非常高，前三位都是国际顶级机构的领导者。第二，论坛内容非常丰富，涉及工程教育可持续发展、工程教育认证、工程科技人才能力素养、工程伦理、工程科技人才培养模式、在线教育、工程教育和企业的合作，还有区域的平衡、性别的平衡等。第三，性别平等，分论坛的主持人吴部长是女性，三位在国际工程教育领域的顶尖机构中任职的演讲嘉宾也是女性。在中国，我们称之为“妇女撑起半边天”。在工程教育领域中，也体现了女性所发挥的重要作用，这是联合国非常关心的一个问题，在本分论坛中体现得非常好。第四，具有全球视野，各位国际顶尖机构领导人的演讲内容都具有非常宽阔的国际视野。第五，具有未来眼光，谈古论今展望未来，特别是对未来做了很多阐述以及为未来做了哪些准备。

每位嘉宾都有自己演讲的特色和重点，我难以一一论述和概况。但是，整个论坛所有嘉宾都特别重视工程、可持续发展、联合国可持续发展目标、应对气候变化、生态环境保护、人类生活的改善等。所有这一切都强烈地依赖工程建设，而工程建设又依赖工程教育，工程教育最本质的是要培养工程师，培养人。这样一个主题贯穿在所有嘉宾的演讲中。谈及工程师培养要强调几点，一个是要增加数量，同时要提高质量，还需要注意区域平衡。亚洲、非洲、南美洲工程师比较缺乏，应该注重他们的发展。同时，也要注意性别的平衡，要大力发展女性工程师。总的来讲，分论坛呈现出这样的总体特色，我们代表清华大学也代表 ICEE 向所有的演讲嘉宾再次表示感谢。

共同推动可持续发展，建设地球美好家园

贺克斌

非常感谢袁驷教授，再次感谢各位分论坛主持人的精彩总结。他们的总结呈现给我们参会嘉宾如何发挥生态环境领域、工程教育在可持续发展中的重要作用，提出富有启发性的独到见解和实践经验。

第二届国际工程教育论坛在线召开，再次向世人表达了我们共同推动可持续发展，建设地球美好家园的坚定信念，全球工程教育界和工程界彼此信任和共同担当将为人类保护生态环境实现联合国可持续发展目标发挥不可替代的作用。让我们共同努力，共同培养卓越的工程科技人才，共同承担起建设人类美好家园的责任。

我宣布第二届国际工程教育论坛顺利结束，感谢大家对工程教育的关注和贡献，欢迎大家两年后的第三届论坛再次相聚。谢谢大家！

后　记

作为两年一度的工程教育界的国际盛会，第二届国际工程教育论坛如期在清华大学召开，共有来自全球25个国家或地区的38个机构的1000多人参加论坛。与会专家学者围绕会议主题进行了主旨报告，并针对不同议题进行了分组报告和讨论。

在全球气温变暖、生态环境持续恶化的大环境背景下，我国如何实现2030年碳达峰、2060年碳中和的目标？如何在实现联合国可持续发展目标的关键十年，达成可持续发展目标4，即确保包容性和公平的优质教育，促进所有人的终身学习机会？希望本书中的观点和思想能为读者带来一些思考和一点启示。

2021年3月4日是全球第二个“促进可持续发展世界工程日”（World Engineering Day for Sustainable Development），简称“世界工程日”（WED）。2021年“世界工程日”以“工程——为了健康地球”为主题，发布了第二份联合国教科文组织工程报告《工程——支持可持续发展》。报告阐述了工程对于实现可持续发展目标的关键性作用，分析了第四次工业革命下全球各主要区域和跨区域的工程发展趋势，并鼓励全球工程界携手应对各种挑战，加速实现可持续发展目标。借此机会，希望联合国教科文组织工程报告能为工程师、工程教育者，以及研究者提供有益参考。

第二届国际工程教育论坛由清华大学、中国工程院、联合国教科文组织联合主办，清华大学学科规划与建设办公室、环境学院、国际工程教育中心承办，并联合化学工程系、地球系统科学系、精密仪器系承办分论坛。受疫情影响，本届论坛以线上和线下相结合的形式召开。在此，向参与会议筹备的教育研究院和承办分论坛院系的师生们致以诚挚的谢意！向参与本书编辑的徐立辉、雷环、王戈辉、李晶晶、乔伟峰、王婉莹、黄蓓、徐孟、朱盼、王玉佳、凌斯达、王宇晨、张诗卉、郑权等老师和同学表示衷心的感谢！

由于时间仓促，书中难免有不当之处，恳请广大读者提出宝贵的意见和建议。

联合国教科文组织国际工程教育中心（ICEE）
2021年10月

附录：英文演讲稿（节选）

Joint Discussion on New Opportunities and Challenges in Engineering Education

YOU Zheng

Distinguished leaders and friends,

Hello everyone! The 2nd International Forum on Engineering Education (IFEE) , co-organized by Tsinghua University, the Chinese Academy of Engineering, and UNESCO, begins now. The theme of this forum is ecological environment and sustainable development. In the particular period when the world is fighting against the COVID-19 pandemic, I'm glad to meet you online to discuss new opportunities and challenges in engineering education.

Today, the guests who are present at this forum include globally renowned scholars in engineering education, engineering science and technology and technological management, as well as leading figures from all fields in the industry. First of all, I would like to introduce the leaders and guests attending this forum. They are: LI Xiaohong, Member and President of Chinese Academy of Engineering; QIU Yong, Member of Chinese Academy of Sciences and President of Tsinghua University; Ms. Marielza Oliveira, Director of UNESCO Beijing Office; XIE Zhenhua, Special Convoy on Climate Change of the Ministry of Ecology and Environment of the PRC and President of the Institute of Climate Change and Sustainable Development of Tsinghua University; Prof. WU Qidi, Director of International Centre for Engineering Education under the auspices of UNESCO (ICEE) ; and Prof. WANG Sunyu, Deputy Executive Director and Secretary General of ICEE; as well as representatives from universities at home and abroad such as Prof. Arthur P.J. MOL, President of Wageningen University; Prof. YU Shouwen, former Vice President of Tsinghua University; HE Kebin, Chairman of the Organizing Committee of this Forum, a professor from the School of Environment of Tsinghua University, and Member of Chinese Academy of Engineering. And the leaders of well-known enterprises at home and abroad such as HOU Feng, Chairman of China Water Environment Group Limited; and HUANG Xiaojun, Vice President and Managing Director of Veolia China. Welcome everyone to this forum!

Mutual Learning and Win-win Cooperation to Draw a Blueprint for the Development of Engineering Education

LI Xiaohong

Distinguished guests, friends,

ladies and gentlemen,

Hello everyone! On the occasion of the 2nd International Forum on Engineering Education, on behalf of the Chinese Academy of Engineering, I would like to extend my warm congratulations to the forum and give a warm welcome to all guests and friends from home and abroad. I would also like to express my special thanks to UNESCO for its strong support for the event and to Tsinghua University for its extraordinary arrangements for the event!

At present, the international engineering community has witnessed remarkable achievements in promoting scientific development, achievement transformation and talent cultivation, and it is moving towards mutual learning and win-win cooperation. We hope to continue to give full play to the role of International Centre for Engineering Education under the auspices of UNESCO (ICEE) as an important platform for exchange and cooperation in global scientific and technological innovation. I expect this forum to gather ideas from all parties concerned, broaden consensus and promote cooperation, enabling engineering and scientific & technological innovation to better benefit people of all countries and jointly drawing a new blueprint for the future development of engineering education.

New Chanllenges for Engineering Education and Engineers in the New Era

Marielza OLIVERIA

Dear Ms. Inger Andersen,

Dear Professor LI Xiaohong,

Dear President QIU Yong,

Dear Mr. XIE Zhenhua,

Dear Professor WU Qidi,

Distinguished Academicians of the China Academy of Engineering,

Dear friends from the Tsinghua University,

Ladies and gentlemen, experts and friends,

I am honored to represent UNESCO in this Opening Ceremony of the Second International Forum on Engineering Education dedicated to Environment and Sustainable Development.

We now live in the Anthropocene, the so-called "era of man" which is characterized by alarming processes of environmental degradation such as the global warming of the planet, deforestation and the erosion of biodiversity, uncontrolled pollution of air, water, soils and the oceans, water shortage, to mention a few only. Such degradation undermines and threatens the idea itself of progress and prosperity for all when the future of humankind is at stake and the gap between the rich and the poor is getting sharper and sharper.

Most of these degradation processes are due to an overconsumption of natural resources and a fast growing, and sometimes uncontrolled application of technology. Therefore, not surprisingly, solutions need to be developed and implemented by those who have the capacity to produce new technologies, tomorrow's engineers!

A report on "Engineering Sustainable Development" to be published very soon by

UNESCO, with support from ICEE and the Tsinghua University, will explore in depth the new challenges posed to engineers when considering their crucial role in supporting humankind to achieve the United Nations Sustainable Development Goals, and therefore elaborate on the new knowledge and new skills Engineers need to acquire when graduating but also in a lifelong-learning perspective.

In a fast-changing and highly challenging world, characterized by fast technological innovation and unprecedented threats on the environment and upon the human society itself (as the COVID-19 pandemic demonstrated) , Engineers need in fact to continuously update their preparation, being open not only to scientific and technical knowledge but also to acquiring a new set of personal, communication and relational skills. Above all, engineers need to be ethical and socially engaged, fully considering the consequences their work created for society. Engineering education nowadays has a responsibility in charting a more inclusive, equitable, sustainable and shared future for all humanity.

As far as technology is concerned, engineers are confronted with a fast-growing application of information and computing technology in which the so-called 4th industrial revolution is rooted. Big Data, Artificial Intelligence, Smart Technologies and Connected Objects have a multitude of applications across all development domains, from sustainable agriculture to smart cities, from renewable energy to human security, from natural and cultural heritage conservation to health.

More than ever, Engineers will therefore continue to be "technological problem solvers" but with a broadening perspective of their role in society. This could not be achieved without considering the development of skills related to global citizenship, adaptation capacity and flexibility, interdisciplinary team work, communication (using diverse languages but also communicating to decision-makers or the public and implementing participatory processes) , an ability to work with diversity, and being inclusive when mobilizing the enormous human capital needed to achieve SDGs.

This Second International Forum on Engineering Education comes at the right time to offer us a unique opportunity to debate with global leaders, officials, academicians and scientists, representatives of the private sector and students, on the role of Engineers in supporting society along more sustainable development pathways, and on how Engineering Education needs to adapt quickly to emerging challenges.

Expectations placed towards Engineers are immense, and UNESCO is committed to set and disseminate new standards related to both their professional practice, and to engineering education as a whole, which should inspire its evolution and adaptation towards social needs. This would not be possible without the cooperation developed in the course of the past years with institutions such as the Tsinghua University, and our Category 2 Center hosted by the university (ICEE) and, of course, the Chinese Academy of Engineering.

UNESCO is therefore profoundly grateful to you all for the efforts spent in organizing this Forum, and we look forward to the results of our productive discussions, wishing us all a fruitful Forum. Thank you.

Engineering Education in Transition

Arthur P.J. MOL

In the long course of history, the university system has changed a lot and has undergone about four renewals. In the 18th century and even earlier, universities were very different from what they are today, followed by a shift in educational model from a classical one to a more customized one. Engineering education in universities has undergone five major changes in four dimensions, and the drivers for such changes are societal needs, change in learners, role of ICT in education, changes in research, and mission vision deduction. In the future, the engineering education ecosystem will include degree programmes (on campus) , degree programmes (online) , courses for credits, non-credit education (online & offline) . I hope to communicate with you on a wide range of topics in this international forum as a way to predict the future direction of engineering education.

Take the Responsibilities of Building a Beautiful Home for Mankind

QIU Yong

Today, with ecological environment and sustainable development as the theme, friends from engineering education and industry across the world meet online to discuss engineering education that is of great relevance to building the home for mankind. We hope to promote the innovative development of engineering education through this forum. Two years ago, on September 24, 2018, when China celebrated its annually traditional Mid-Autumn Festival, Tsinghua University, Chinese Academy of Engineering and UNESCO jointly launched the 1st International Forum on Engineering Education. Today, the 2nd International Forum on Engineering Education is held online to reaffirm our strong belief in working together to promote sustainable development and build a better planet. The mutual trust and shared responsibility between global engineering education community and industrial community will play an irreplaceable role in protecting the ecological environment for mankind and achieving the UN sustainable development goals. The year 2020 may become a watershed in the history of human society, and history will remember our thoughts and actions in this year. I believe this forum will definitely leave its strong mark in the history of engineering education development. Let's work and act together to cultivate excellent engineering and technology talent, and share the responsibilities of building a beautiful home for mankind!

Direction and Focus of Promoting Green Recovery in the Post-Pandemic

XIE Zhenhua

"Ecological environment and sustainable development" , the theme of this forum is precisely the direction and focus of countries' promotion of green recovery in the post-pandemic era. While countries around the world have seen their normal economic and social development disrupted by the COVID-19 pandemic, the general trend of green and low-carbon development identified in the Paris Agreement is irreversible. Therefore, the international community should maintain its strategic focus and accelerate the transition to a green economy. I highly agree with the green recovery initiative proposed by Guterres, UN Secretary General. Only green recovery can turn crisis into opportunities and help countries out of their current difficulties. China's practice has proved that policy actions to address climate change will not hinder economic development, but will help to improve the quality of economic growth, foster new industries and markets, create more jobs, improve people's lives and health, protect the environment, and achieve coordinated development.

Engineering is an important driver for human progress, and engineering education concerns the future of mankind. The International Forum on Engineering Education is dedicated to discussing the innovative development in engineering education, promoting the progress of global engineering technology and society, and addressing global major challenges such as ecological damage, climate change, public health, and economic crisis. Sustainable development is a wise, efficient move to tackle such challenges.

Underground WWTP Promotes Urban Water Environmental Governance

HOU Feng

As a specialized environmental leader affiliated to State Development & Investment Corp., Ltd. (SDIC) , as well as an innovator and leader in urban wastewater collection and treatment and resource utilization, China Water Environment Group ranks first in Asia in the scale of underground reclaimed system for wastewater treatment and first in the industry in China's demonstration projects after seven years of innovation and practice. Over the past eight years, I have conducted systematic research and plenty of engineering practice together with teachers from Tsinghua University, and innovatively proposed the drainage scheme featuring "moderate concentration, on-site treatment and nearby recycling" . With the underground reclaimed system for wastewater treatment as a carrier, efforts can be made to turn urban wastewater treatment plants into urban resource and energy centers, digital management centers, and public service centers, thus achieving efficient utilization of water resources, land resources and green energy, as well as reducing the environmental risks of wastewater leakage and noise from long-distance transport in the urban pipe network.

Environmental Industry from the Perspective of Carbon Neutrality

HUANG Xiaojun

China pledges to peak carbon emission in 2030 and reach net zero emission in 2060, which brings great challenges for the whole society. From the perspective of carbon neutrality, it is important for environmental industries to reduce energy consumption, improve energy efficiency, and develop circular economy. As a leading environmental enterprise with a history of 170 years, Veolia has made great efforts to shoulder the social responsibility on sustainable development and low carbon transition. We have set 18 sustainable development goals for the group in five dimensions: employees, shareholders, customers, society and the planet. Goals, plans for leapfrogging economic development and economic indicators have been formulated, especially including the circular economy and the goals set against climate warming, and aspires to become a benchmark enterprise in global ecological transformation, in the common development of enterprises, employees and customers. At the same time, we strive to make greater contributions to our society and the planet on which we live. This requires companies to join hands to make their due contributions to low-carbon economy, environmental protection, circular economy and ecological civilization. Thank you, everyone.

21st Century Challenges for the Water Environment and Ecology and Responses

Glen T. DAIGGER

What I will share here is a combination of several topics, one of which is about water in cities and towns. Three things have to be done by water resource management professionals, namely changing water resource management to avoid water shortage; focusing on resource utilization rate, "resource recovery", and "circular economy"; and extending human rights to water and health facilities to benefit everyone. The other topic is about engineers. A practice engineer requires five categories of know-how, i.e. basic science and engineering science, experiential knowledge, social science knowledge, interpersonal skills, and emotional intelligence. The professional development of engineers is actually a lifelong process. I hope you can help them to acquiring technical expertise, encourage them participating in technical and social activities, and support them in embarking onto the road of lifelong learning.

Build a Model for Cross-border Talent Training to Contribute to the Green and Sustainable Development Strategy

QIN Xiaopei

In China, mountains, rivers, forests, farmlands, lakes, and grasslands form a community of life, which has become the systematic thought of China's environmental governance and protection, and the theoretical basis and action guide for China to promote green development and build a beautiful China. The priority of China's environmental protection has shifted from the point source pollution treatment and emission reduction to comprehensive environmental treatment and restoration for environmental improvement. The cross-border integration of multidisciplinary technologies to provide complete technical support is an inevitable trend. At the same time, systematic governance and protection also requires more scientific and better management, so it is also a general trend to conduct systematic governance and protection as well as smart and fine management of mountains, rivers, forests, farmlands, lakes, and grasslands by taking advantage of modern technologies such as internet, Internet of Things, big data and artificial intelligence. We believe that China has a very clear direction for environmental protection in the future, namely smart, green integrated eco-environmental management, restoration and protection. China's environmental protection industry is on the rise, and the industry innovation has entered a golden period of development, leading to accelerated iteration and innovation of relevant technologies and products, as well as emerging entrepreneurial projects and start-ups. Therefore, we strongly hope that universities can foster more versatile high-end talent with innovative thinking and interdisciplinarity to devote themselves to the cause of environmental protection and inject more fresh blood into the industry.

Environmental Engineering Education Programs at the University of Toronto

Ramin FARNOOD

Founded in 1927, University of Toronto is a research university, with its disciplines covering almost all major fields. There are many departments under the University of Toronto Engineering such as Institute of Biomedical Engineering (BME) , Division of Engineering Science, and Institute for Studies in Transdisciplinary Engineering Education & Practice (ISTEP) . University of Toronto Engineering has 5, 270 students including more than 2, 000 graduate students, and 266 faculty and staff members who are able to quickly adapt to the shift of engineering education towards online mode in the new era. University of Toronto emphasizes interdisciplinary development in terms of engineering education, advances teaching tasks through cross-disciplinary coordination, promotes the project implementation through close collaboration between campuses, and launches joint degree programs on environment across multiple faculties. For example, the "Our Campus as a Living Lab" program launched in 2017 aims to achieve sustainable development goals through the interdisciplinary programs. In particular, a joint degree program on environment was launched by the majors of Physics and Environmental Sciences, and the students who study the program will receive a vocational certificate upon completing all the courses. In addition, students can also take courses at other campuses to be exposed to different types and aspects of environmental education. Environmental science is an integral part of engineering science. At this stage, more and more interdisciplinary courses involve environmental science.

Context-Based Education-Integrating Climate Change in Engineering Curricula

Alaa ASHMAWY

Despite current efforts to reverse or mitigate the impact of global warming, our planet is on a current trajectory of rapidly-increasing temperatures which, if not addressed, will cause irreparable damage to the world climate and threaten life on earth. Because of its far-reaching impact and delayed response due to thermal inertia, climate change is arguably the single most critical threat to sustainable development. It is, therefore, imperative to integrate climate change education into engineering curricula, with a focus on air quality and reduction in greenhouse gas emissions, as a means for reversing human-induced global warming. Context-based education, which is an extension of the concept of project-based learning, relies on linking the scientific and technical content, traditionally taught in a classroom setting, with the context and purpose for which the material is covered. Several examples of context-based education where climate change is incorporated within existing curricula are presented, including case studies of competition-based learning, virtual exchange programs, and peace engineering activities across various institutions. Evidence of improvement in the students' perception of the consequences of climate change, and their understanding of the need to address it in our designs, systems, and solutions are also discussed.

Synergistic Actions for Air Pollution Control and Climate Mitigation in China

HAO Jiming

The implementation of The Action Plan on Prevention and Control of Air Pollution and Blue Sky Defense Battle has marked a strategic transfer from emission control toward quality and health-oriented air quality management in China. Persistent improvement of air quality, and achievement of air quality target in "Beautiful China" strategy, require the more stringent end-of-pipe control and more critical de-carbonization of energy system as well as more synergistic pathways in China.

The energy intensity of GDP declined significantly, decreasing from 94 tce/million yuan in 2005 to 57 tce/million yuan in 2017. Though accounting for 39.4% decrease, China's energy intensity is still high. As the world's largest carbon-emitting and energy-consuming economy, China's proposed target of carbon neutrality by 2060 will profoundly impact the global energy and economy system. In the China's 14th Five-year Plan and medium-to-long term strategy, it's urgent to explore the synergies between low-carbon development and air pollution control at the different stages, and implementation strategy for multiple benefits of addressing the climate change and reaching the air quality standard.

How Can Engineering Education Respond to the SDGs Challenges and Climate Change

Anette KOLMOS

Challenges are lining up and very well summarized by the UN 17 Sustainability Goals. No matter which of these goals we address, complexity characterizes the nature of the goals — both complexity in terms of interdisciplinary collaboration and in terms of societal solutions. How can we bring in complexity into Engineering Education — and how can we reduce the complexity for authentic problems to something students can deal with in limited time? In my presentation, I will focus on ways to understand societal problems and variation in the types of projects students can work on.

Energy Transition and Climate Change

LI Zheng

Climate change is the greatest threats to the sustainable development of humankind, therefore, low-carbon transition in energy has become the core topic for fighting climate change, benefitting environment and ultimately realizing sustainability. There are many questions to be answered, such like: what is the connection between energy and climate? What are the current status and future directions / options of world energy? What challenges China faces to transform its energy system, especially its coal-intensive power sector? My speech will try to show and analyze the above questions and then present some reflections about engineering education.

Climate Change and the Role of Engineers in Modern Society

Norman FORTENBERRY

The projected effects of climate change are far-reaching and severe. The most immediate response of the engineering community has been to attempt to surmount the underlying mechanisms of climate change through greenhouse gas mitigation through efforts such as carbon sequestration and expanded development and use of alternatives to fossil fuels. But engineers also need to begin now implementing strategies that will help humans to survive and thrive if current mitigation efforts are unsuccessful. This talk summarizes the changes in attitudes and preparation necessary to achieve such strategies. More broadly, it reflects on the changes needed to better prepare engineers for the socio-economic and socio-political challenges the profession is increasing being called upon to address. And as we move into more actively considering such challenges, we need to be careful to not ignore potential impacts on poor and underserved people and nations.

The Pivot: Transforming Engineering Education to Meet Grand Challenges

Ishwar K. PURI

The Pivot is the largest transformation of the student experience at McMaster Engineering. Design thinking, an innovation mindset and entrepreneurship are embedded in all programming. We have redesigned our curriculum, combined courses and changed our approach to teaching to create an integrated learning experience. Our students are learning to understand and solve grand challenges, such as climate change, and are encouraged to view these complex problems with a multidisciplinary lens. First-year students learn how sustainability is the basis of countering climate change. Of the four substantive projects that they must complete over the academic year, Project 1 asks them to complete the mechanical design of turbine blades in renewable wind technology. Project 3 is the design of a system for sorting and recycling containers. These sustainability solutions become part of students' online portfolios so that they can reflect upon the importance of practicing and embracing the philosophies of sustainability to counter climate change. Through the projects, traditional 'chalk and talk' teaching is replaced by self-directed and group learning. Such integrated experiences applied to real-world climate change problems allow for deeper and more integrated learning, connecting classroom experiences to a relevant societal context.

Fibre Optic-based Sustainable Sensing Technologies: Enhancing Education of Graduate Engineers in this Field

Kenneth T.V. GRATTAN

Optical Fibre Sensors have been developed extensively now over some four decades -created in particular to address a range of challenging industrial applications where conventional sensors often are badly conditioned for important monitoring needs. Systems are required to enhance safety, to allow assets to be used for longer, to schedule repair and maintenance better and to create a more cost effective solution which will improve the working environment for us all. As an example, the demands of electric and autonomous transport, be it on land, sea or air, as well as energy generation and distribution and robotics make enormous demands for better sensor systems.

This talk will review the essential background to and history of optical fibre sensors and then look at how education in this field for graduate engineers is now critically important. This is especially so given that a range of optical fibre-based techniques can now be applied to problems such as those highlighted and offer alternative, and better solutions to those from current technologies be they electronic, hydraulic, electrochemical, and analogue or digital-revealing solutions which have the potential readily to be adopted by industry.

The approach suggested is highly interdisciplinary: it will also be emphasizing the value of problem-based education as a result and drawing on a number of "case studies", where working in collaboration with industry and researchers across the world, new and practical solutions to key problems have been found and implemented in-the-field, not just as laboratory demonstrations. Thus graduate engineers will be able to appreciate better the value of this innovative approach to better sensing and measurement to meet industry's needs globally.

IoT Based Track Recording Vehicle Towards Dynamic Identification of Railway Track Surface Faults in a Real-time

Bhawani Shankar CHOWDHRY

Due to the increased demand, railway transport plays a significant role in the mainstream of transportation systems and sustainable development. However, due to the harsh environmental conditions, traffic growth, and heavier axles, results in railway tracks degradation and failure. In 2019, Pakistan Railway alone recorded over a hundred train accidents and majority of such accidents were caused by derailments. The train derailment is the mechanical failure of tracks, such as corrugated rails often caused by lack of railway track condition monitoring. Therefore, this presentation focuses on development of an autonomous electrical Track Recording Vehicle (TRV) that uses IP cameras for the real-time identification of railway track faults by image processing techniques such as Canny edge detection, Power Spectral Density and 2D discrete Wavelet transformation as the cost-effective image processing algorithms with the Python programming language. The electrically powered track recording vehicle is of novel design, can be controlled autonomously using Google Map Developer API and has a unique wooden wheel design with a capability of suppressing the vehicle vibrations. As the system performs 3 steps detection algorithms the results are 87.9% more accurate than the manual inspection techniques and almost equivalent in accuracy with the Ultrasonic flaw detector (Railscan 125+)
.

Towards Sustainable Sensor Technologies in Engineering Education

Ahmed Al-Shamma'a

After the epidemic, I think we have to recognize the "4R" problem, that is, how to solve it (Resolve)? How can we strengthen our resilience and flexibility (Resilience)? How to return? How to create again and imagine (Reimagination) again? We hope that we know that when engineering students are studying, in addition to learning theories, they also hope to focus on the future, or see and respond to real problems in society. We also need to add interdisciplinary learning capabilities to our engineering education. Including artificial intelligence, robotics, nano-biological information and large-scale complex systems, etc., these are closely related to interdisciplinary fields and engineering. There are many examples of sensors in interdisciplinary fields, such as wearable sensors, microwave sensors, building surface sensors, and so on. Engineering students to learn these, this must be the knowledge needed by the industry, and then they will bring a good return on investment, and the most important point is that they make university research truly applicable.

IoT and Sensing Technologies in Engineering Education—A Future Landscape Built on a Blended Learning Approach including AI and Cybersecurity

Elfed LEWIS

It's not just a problem in Ireland, it's certainly a European problem, a global problem. We are extremely lack of these Internet security experts, and we don't have enough people with these skills to protect, respond to, and mitigate the problems we have suffered. Threats and destruction of the network, what challenges should the development of these network security skills solve? In addition, we need a country's artificial intelligence strategy. We have to bring all universities and all industries together to cooperate, so that AI can truly grow. To solve these problems, we must prepare our students. Our college covers a large number of master's programs, including artificial intelligence and computer science. These projects are very welcome and very successful. I hope we can use these projects as a paradigm for some of our international cooperation.

Virtual Learning and Teaching of Engineering

Andy AUGOUSTI

Recently, more and more online education providers have appeared one after another. We can see that online education has a very wide range of such business models, including the establishment of a network environment, the participation of non-profit organizations, and so on. Online education surpasses our traditional way of teaching education and opens up many possibilities for us, including online demonstration and interactive network virtual labs, and even remote-controlled real labs. We are currently in a transitional period called the transitional period of blended learning. Mixing includes the combination of traditional, content-based, and instructive teaching materials recorded in advance and online interactive teaching methods. There are many different forms of content providers for blended education around the world. The occurrence of the new crown epidemic has accelerated such a transition and conversion. We need to spend many years to verify the effectiveness of our transition period, we need a longer learning platform development cycle, and we need to have global partners.

Internet of Underwater Things-IoUT

Pablo OTERO

We have almost 5000 kilometers of coastline, so we have been dealing with the sea, so we have established a national oceanographic center. Our activities mainly include marine biology and marine geology, and we will also do some physical research and so on. The college has three functions. The first is of course scientific research. In addition, there is also technology transfer, which transfers it to industry or society. At the same time, we also conduct postgraduate education. Underwater is a three-dimensional environment, which has changed the way we research and solve problems, such as positioning, energy supply, and communication, which poses new challenges. In addition, as engineers, we have to consider efficiency, and at the same time, we have to consider environmental protection and sustainability. The future prospects of the underwater Internet of Things still need to do a lot of work, and there are still many problems that have not been resolved. We must attract our attention because it has great potential.

Engineering Education on Instrumentation Science with the Emerging Industries

LIU Jian

The development of cutting-edge technology presents a development trend from accumulation of experience to theoretical research. Naturally, modern scientific research and industrial production increasingly rely on the use of precision tools, such as cryo-electron microscopy. The engineering education of instrument science must also reflect the trend that the engineering development of instrument science will be integrated with basic science. We have added a course system of acoustics and basic science to the School of Instrumentation, which includes nanotechnology, materials and life sciences. We got some responses from such an exploration. The Institute of Instrumentation also pays great attention to the construction of a training platform for students. Many new concepts have been reflected in the university's pilot platform, allowing students to get more practice. In addition, the scale of talent output and the quality of training in public education will also become an important factor restricting the development of emerging industries in the future. The development scale and demand of our existing training capabilities are still seriously lagging behind. Regional population competition and industry competition for talent among others will also bring about blindness in choosing jobs.

UENSCO Action

Peggy OTI-BOATENG

All societies are looking for new drivers for development to eradicate poverty and contribute to a sustainable and lasting peaceful development. To this end, UENSCO needs to continuously promote the development of engineering science and technology. Given the complexity of contemporary global challenges, such as sustainable consumption of resources and adaptation to climate change, it is critical for improving societies to support and invest in engineering education for both women and men. It is very important to carry out the education and training of engineers in the future, and we should develop innovative solutions to meet the challenges and improve the quality of human life. The world needs more engineers, technicians, and artisans, and we need to start with teaching and getting data so that governments can better understand why more engineers are needed in the future. Strengthening the South-South Cooperation and North-South Cooperation can help to achieve the UN sustainable development goals.

Review International Engineering Benchmarks for Graduate Attributes and Professional Competencies for Engineers of the Future and for Sustainable Development

Marlene KANGA

UNESCO, the World Federation of Engineering Organisations (WFEO) and the International Engineering Alliance (IEA) came together in November 2019 to review the IEA Graduate Attributes and Professional Competencies Framework (GAPC) to ensure that they reflect contemporary values and employer needs as well as equip engineers, technologists and technicians of the future to incorporate the practices that advance the UN Sustainable Goals.

Dr. Marlene Kanga has been leading the WFEO members of the Working Group on this important transformative project. ICEE is also represented on this Working Group, led by Professor Wang.

This presentation will provide valuable insights into the proposed changes to the International Benchmark for Graduate Attribute and Professional Competencies. These changes are in advancing well and consultations are in progress with IEA Signatories, research institutions in engineering education from Europe, Asia, Americas and Australia and with other interested stakeholders. Widespread consultation has taken place on the proposed changes in the last few months with participation by engineering educators, industry, WFEO members and professional engineering institutions and women engineers from more than 50 countries. This presentation will include an overview of the proposed changes and their implications for engineering.

Engineering Education for Sustainable Development

Elizabeth TAYLOR

Sustainable Development is a challenge for our times. But what does it mean?

Together the two words have potential for many different interpretations. Without considered thought, decisions regarding which interpretation to follow will have significant impact on engineering education and decisions made regarding curriculum and content.

This presentation will explore the ways in which our interpretations might structure our discourse, our engagement with our communities and our engineering relationship with the UN Sustainable Development Goals.

Working Together to Cultivate Engineering Science and Technology Talent for the Belt and Road Initiative

ZHENG Qinghua

In response to the Target "Quality Education" in UN's 17 Sustainable Development Goals and the Belt and Road Initiative proposed by President XI Jinping, the Chinese Academy of Engineering and Xi'an Jiaotong University jointly funded and established the Silk Road Training Base of International Knowledge Centre for Engineering Sciences and Technology (IKCEST), to provide consulting, scientific research, education and other knowledge services for policy makers and engineers from all over the world, especially in developing countries. The project is dedicated to building a Belt and Road talent training base and a center for mass entrepreneurship, continuously training talent, improving think tanks and developing special databases. You are welcome to join us in training engineering science and technology talent to serve the Belt and Road Initiative.

Tech-enhanced Engineering Education Sparks Explosive Development of EdTech

WANG Shuaiguo

Founded by Tsinghua University in 2013, Xuetangx.com became the first international partner of International Centre for Engineering Education (ICEE) . Backed by ICEE, the platform has provided quality services for more than 67 million learners of all kinds. In recent years, online education has seen the explosive development of educational technology. Serving over three million people per second, Rain Classroom supported online teaching in more than 900 colleges and universities nationwide during the COVID-19 pandemic and provided quality services for more than 62 million learners. An increasing number of teachers are willing to apply online education technology to physical classrooms, resulting in an increasingly blurred boundary between face-to-face education and online education. We hope that this technology can narrow the gap between offline engineering education classrooms and remote engineering education classrooms. We will also continue to update product applications and technology research and development.

Profile of China Academy of Space Technology

LI Ming

Founded in 1968 and affiliated to the China Aerospace Science and Technology Corporation (CASC) , China Academy of Space Technology or CAST (the Fifth Academy of CASC) is China's main space technology and product development base and the backbone of China's space industry. It has five founding fathers of China's nuclear and space program and 16 academicians. Founded in 2005, Shenzhou Institute is the first corporate university in China's aerospace system, and an education and training institution focusing on cultivating spacecraft engineering technology and management talent, mainly undertaking the staff training of CAST, training for clients at home and abroad and postgraduate education. In addition, as a key program that has been carried out for more than a decade, CAST's program of Knowledge Transfer and Cultural Inheritance mainly focuses on the explication of tacit knowledge culture, systematization of explicit knowledge culture , and inheritance of systematic knowledge culture.

Multi-level Talent Training for Sustainable Development of Industrial Internet

ZHOU Shuhua

The fourth industrial revolution is reshaping the global economic structure. Starting from the concept of "Industry 4.0" , the applications of entire Industrial Internet (including artificial intelligence) in various industries have emerged. High quality Industrial Internet education is an important basis for improving Industrial Internet. Indepth industry-education integration and collaboration among the government and academic institutions and employers can empower the education industry, improve the Industrial Internet education, coordinate the education mechanism, promote the development of Industrial Internet education, and further facilitate the overall sustainable development of Industrial Internet. In the future, Huahe Capital will also continue to promote the research on engineering education and Industrial Internet, pay close attention to educational equality and the development of inclusive education, promote the development of the engineering education standard system at all stages, and explore the application of engineering education in future science, technology and industry.